高等学校化学实验教材

分析化学实验

（第 3 版）

主　编　王术皓

副主编　张淑芳　李丽敏　季宁宁　李　珊

中国海洋大学出版社
·青岛·

图书在版编目(CIP)数据

分析化学实验/王术皓主编.—3版.—青岛:中国海洋
大学出版社,2018.1 (2020.8重印)
ISBN 978−7−5670−1922−5

Ⅰ.①分… Ⅱ.①王… Ⅲ.①分析化学−化学实验−
高等学校−教材 Ⅳ.①O652.1

中国版本图书馆 CIP 数据核字(2018)第 185381 号

出版发行	中国海洋大学出版社		
社　　址	青岛市香港东路 23 号	邮政编码	266071
网　　址	http://www.ouc−press.com		
电子信箱	xianlimeng@gmail.com		
订购电话	0532−82032573(传真)		
丛书策划	孟显丽		
责任编辑	孟显丽	电　　话	0532−85901092
印　　制	日照报业印刷有限公司		
版　　次	2018 年 8 月第 3 版		
印　　次	2020 年 8 月第 2 次印刷		
成品尺寸	170 mm×230 mm		
印　　张	12.375		
字　　数	228 千字		
印　　数	5001～9000		
定　　价	34.00 元		

发现印装质量问题,请致电 0633−8221365,由印刷厂负责调换。

总　序

　　化学是一门重要的基础学科,与物理、信息、生命、材料、环境、能源、地球和空间等学科有紧密的联系、交叉和渗透,在人类进步和社会发展中起到了举足轻重的作用。同时,化学又是一门典型的以实验为基础的学科。在化学教学中,思维能力、学习能力、创新能力、动手能力和专业实用技能是培养创新人才的关键。

　　随着化学教学内容和实验教学体系的不断改革,高校需要一套内容充实、体系新颖、可操作性强、实验方法先进的实验教材。

　　由中国海洋大学、曲阜师范大学、聊城大学和烟台大学等12所高校编写的《无机及分析化学实验》、《无机化学实验》、《分析化学实验》、《仪器分析实验》、《有机化学实验》、《物理化学实验》和《化工原理实验》7本高等学校化学实验系列教材,现在与读者见面了。本系列教材既满足通识和专业基本知识的教育,又体现学校特色和创新思维能力的培养。纵览本套教材,有五个非常明显的特点:

　　1.高等学校化学实验教材编写指导委员会由各校教学一线的院系领导组成,编指委成员和主编人员均由教学经验丰富的教授担当,能够准确把握目前化学实验教学的脉搏,使整套教材具有前瞻性。

　　2.所有参编人员均来自实验教学第一线,基础实验仪器设备介绍清楚、药品用量准确;综合、设计性实验难度适中,可操作性强,使整套教材具有实用性。

　　3.所有实验均经过不同院校相关教师的验证,具有较好的重复性。

　　4.每本教材都由基础实验和综合实验组成,内容丰富,不同学校可以根据需要从中选取,具有广泛性。

　　5.实验内容集各校之长,充分考虑到仪器型号的差别,介绍全面,具有可行性。

　　一本好的实验教材,是培养优秀学生的基础之一,"高等学校化学实验教材"的出版,无疑是化学实验教学的喜讯。我和大家一样,相信该系列教材对进一步提高实验教学质量、促进学生的创新思维和强化实验技能等方面将发挥积极的作用。

高从堦

2009 年 5 月 18 日

总 前 言

实验化学贯穿于化学教育的全过程,既与理论课程密切相关又独立于理论课程,是化学教育的重要基础。

为了配合实验教学体系改革和满足创新人才培养的需要,编写一套优秀的化学实验教材是非常必要的。由中国海洋大学、曲阜师范大学、聊城大学、烟台大学、潍坊学院、泰山学院、临沂师范学院、德州学院、菏泽学院、枣庄学院、济宁学院、滨州学院 12 所高校组成的高等学校化学实验教材编写指导委员会于2008 年 4 月至 6 月,先后在青岛、济南和曲阜召开了 3 次编写研讨会。以上院校以及中国海洋大学出版社的相关人员参加了会议。

本系列实验教材包括《无机及分析化学实验》、《无机化学实验》、《分析化学实验》、《仪器分析实验》、《有机化学实验》、《物理化学实验》和《化工原理实验》,涵盖了高校化学基础实验。

中国工程院高从堦院士对本套实验教材的编写给予了大力支持,对实验内容的设置提出了重要的修改意见,并欣然作序,在此表示衷心感谢。

在编写过程中,中国海洋大学对《无机及分析化学实验》、《无机化学实验》给予了教材建设基金的支持,曲阜师范大学、聊城大学、烟台大学对本套教材编写给予了支持,中国海洋大学出版社为该系列教材的出版做了大量组织工作,并对编写研讨会提供全面支持,在此一并表示衷心感谢。

由于编者水平有限,书中不妥和错误在所难免,恳请同仁和读者不吝指教。

高等学校化学实验教材编写指导委员会
2009 年 7 月 10 日

前　言

　　化学是一门实验科学,化学实验教学是高等学校化学教育过程中的一个重要环节,在全面培养学生的基础知识、实践能力、创新精神和科学素养等方面起着不可替代的作用。在化学教育中进一步加强化学实验教学环节、提高学生的动手能力、增强学生的创新意识和创新能力,已成为 21 世纪对化学实验教学提出的新要求。

　　分析化学实验是高等学校化学教学中的一个重要组成部分,它是一门具有很强的实践性的基础实验课程。通过分析化学实验课程的教学,可以使学生进一步巩固、掌握、深化、拓展分析化学理论知识;正确熟练地掌握化学分析的基本操作技能,学习并掌握典型的化学分析方法;树立"量"的概念;培养学生良好的实验习惯,实事求是的科学态度、严谨细致的工作作风和坚韧不拔的科学品质;通过设计实验、综合实验,培养学生分析归纳的能力、创新精神和独立工作能力,提高分析问题、解决问题的能力。

　　近年来,各高等学校对实验教学的重要性有了更深入的认识,纷纷加大了实验教学的改革力度。本教材是在聊城大学等多所高校分析化学实验教学改革的实践基础上编写而成的。

　　在编写时我们着重从以下几个方面入手来体现其特点:

　　(1)编写的原则:突破目前开设的实验只注重基础、单一和仅具有验证、缺乏综合的缺点,注重理论与实践的结合,培养学生运用所学知识的能力,包括分析问题的能力、解决问题的能力及综合处理问题的能力等,提倡创新。

　　(2)在实验的选择上,除基本操作实验外,所有实验皆以实际的较为复杂的样品为研究对象,实验过程中包含样品处理和测定等多个知识点,避免单一的验证方法。

　　(3)鉴于还有一些学校在分析化学实验中开设定性分析实验,本书继续将定性分析实验编入书中,以便选做,同时也体现分析化学实验的完整性。

　　(4)为了培养学生灵活运用所学理论及实验知识,独立分析和解决实际问题的能力,在做完基础实验的基础上,安排一些设计方案实验和综合实验,由学生根据所学理论和实验知识,通过查阅有关文献,独立设计实验方案。

　　本书的主要内容为定性分析实验和定量分析实验,包括基本实验、设计实验、综合实验。其中基本实验 40 个，设计实验 20 个，综合实验 10 个。

　　本书在编写过程中，得到了聊城大学、曲阜师范大学、中国海洋大学、潍坊学院、滨州学院、菏泽学院、济宁学院等相关院校的大力支持，并组织研讨教材编写事宜，在此表示谢意！

　　另外，在本书的编写中，参考了国内同行编写的相关教材，并以参考文献集中列于书末，在此也向同行表示感谢！

　　分析化学实验的内容将随着科学的发展而不断完善，由于编者水平有限，书中的错误和不妥之处，恳请专家和读者批评指正。

编　者

2009 年 7 月

目 次

第1章 分析化学实验基础知识

1.1 分析化学实验的目的和基本要求

分析化学是化学的重要分支学科之一。分析化学理论课和分析化学实验课是大学化学专业的重要基础课。两者可单独设课,且后者占有更多的学时和学分。

学生通过分析化学实验的学习,可以加深对分析化学基础理论、基本知识的理解,正确和较熟练地掌握分析化学实验技能和基本操作,提高观察、分析和解决问题的能力,培养学生严谨的工作作风和实事求是的科学态度,树立严格的"量"的概念,为学习后继课程和未来的科学研究及实际工作打下良好的基础。

为了达到上述目的,学生要做到以下几点:

(1)实验预习:实验前认真预习,结合理论知识,领会实验原理,了解实验步骤和注意事项,做到心中有数。实验前写出预习报告,对实验内容进行充分的思考。

(2)实验过程:根据实验教材上所规定的方法、步骤、试剂用量和实验操作规程来进行操作,实验中应该做到:①认真操作、细心观察、如实记录、深入思考。对每一步操作的目的和作用,以及可能出现的问题进行认真的探究,并把观察到的现象如实、详尽地记录下来。实验数据应及时地记录在实验记录本上,不得涂改,也不得记录在纸片上。如观察到的现象与理论不符,先要尊重实验事实,然后加以分析,认真检查原因,并细心地重做实验。必要时可做对照实验、空白实验或自行设计的实验来核对,直到得出正确的结论。②实验中遇到疑难问题和异常现象而自己难以解释时,可请教实验指导教师。③实验过程中要勤于思考,注意培养严谨的科学态度和实事求是的工作作风,决不能弄虚作假,随意修改数据。若定量实验失败或产生的误差较大,应努力寻找原因,并经实验指导教师同意后,重做实验。④实验原始数据应交给实验指导教师审阅并签字。⑤在实验过程中应严格遵守实验室工作规则。实验结束后,应清洗仪器,整理好仪器和药品,清理实验台面,清扫实验室,检查水、电、气,关好门窗。

(3)实验报告:实验结束后,应解释实验现象,计算好相关数据并得出结论,完成思考题。另外还要对实验数据进行正确的处理和评价,实验报告完成后应及时交指导教师批阅。实验报告是对实验的总结,应该写得简明扼要、图表规范、结论明确、字迹工整。

实验指导教师在学生实验过程中起着主导作用。为此,教师要做到以下几点:

(1)上好实验课。例如,开设实验之前,强调实验的重要性,讲述整个实验安排、注意事项和评分标准等。另外,可在方案设计、综合实验之前集中讲授设计方案的原则和示例等。

(2)认真做好指导实验的准备工作。如指出学生前次实验和实验报告中存在的问题以及做好本次实验的关键、检查学生预习实验的情况、传授实验基本知识、演示实验操作、通知下次实验内容等。

(3)指导实验时,应坚守工作岗位,及时发现和指出学生的操作错误与不良习惯;集中精力指导实验,不做其他杂事。

(4)仔细批改学生的实验报告,及时归纳学生实验和实验报告中存在的问题,以便下次实验前总结。

学生实验成绩评定应包括以下几项内容:预习情况及实验态度;实验操作技能;实验报告的撰写是否认真和符合要求,实验结果的精密度、准确度和有效数字的表达等。特别需要强调的是实事求是、严谨创新的精神与动手能力的培养,严禁弄虚作假、伪造数据。

1.2 实验室用水的规格、制备及检验方法

化学实验中所用的水必须是纯化的水。不同的实验对水质的要求不同。一般的化学实验用一次蒸馏水或去离子水;超纯分析或精密物理化学实验中,需用水质更高的二次蒸馏水、三次蒸馏水或根据实验要求用无二氧化碳蒸馏水等。

1.2.1 规格及技术指标

国家标准(GB6682—92)中明确规定了实验室用水的级别、主要技术指标及检验方法。该标准采用了国际标准(ISO3696—1987),见表1-1。

有的实验方法还需要特殊用水,如无二氧化碳的水、无氧的水等。这些特殊用水的制备方法均能在相关的标准中查出。

表 1-1　**实验室用水的级别及主要技术指标**(引自 GB6682—92)

指标名称	一级	二级	三级
pH 值范围(25℃)	—	—	5.0～7.5
电导率(25℃)/(mS・m⁻¹)	≤0.01	≤0.10	≤0.50
可氧化物质(以氧计)/(mg・cm⁻³)	—	<0.08	<0.4
蒸发残渣((105±2)℃)/(mg・cm⁻³)	—	≤1.0	≤2.0
吸光度(254 nm,1 cm 光程)	≤0.001	≤0.01	
可溶性硅(以二氧化硅计)/(mg・cm⁻³)	<0.01	<0.02	

说明:①由于在一级水、二级水的纯度下,难于测定其真实的 pH 值,因此,对其 pH 值范围不作规定。

②由于在一级水的纯度下,难以测定其可氧化物质和蒸发残渣,因此对其限量不作规定,可用其他条件和制备方法来保证一级水的质量。

1.2.2　制备方法

实验室制备纯水一般可用蒸馏法、离子交换法和电渗析法。蒸馏法的优点是设备成本低、操作简单,缺点是只能除掉水中非挥发性杂质,且能耗高;离子交换法制得的水,称为"去离子水",去离子效果好,但不能除去水中非离子型杂质,常含有微量的有机物;电渗析法是在直流电场作用下,利用阴阳离子交换膜对原水中存在的阴阳离子选择性渗透的性质而除去离子型杂质,电渗析法也不能除掉非离子型杂质。在实验中,要根据需要选择用水,不应盲目追求水的纯度。

1.2.3　水质检验

制备出的纯水水质,一般以其电导率为主要质量指标。一般的检验也可进行,如 pH 值、重金属离子、氯离子、硫酸根离子等检验。此外,根据实际工作的需要及生化、医药化学等方面的特殊要求,有时还要进行一些特殊项目的检验。

1.2.4　纯水的合理选用

(1)分析化学实验不能直接使用自来水或其他天然水,而需使用按一定方法制备得到的纯水。

(2)纯水并不是绝对不含杂质,只是杂质的含量极微小而已。

(3)纯水来之不易,应根据实验对水质要求合理选用适当级别的水,并注意节约用水。

(4)在化学定量分析实验中,一般使用三级水;仪器分析实验一般使用二级水,有的实验可使用三级水,有的实验(如电化学分析实验)则需使用一级水。

三级水就是最普遍使用的纯水,过去多采用蒸馏(用铜质或玻璃蒸馏装置)

的方法制备,故通常称为蒸馏水。为节约能源和减少污染,目前多改用离子交换法、电渗析法或反渗透法制备。二级水是可含有微量的无机、有机或胶态杂质的水,可采用蒸馏、反渗透或去离子后再经蒸馏等方法制备。一级水基本上不含有溶解或胶态离子杂质及有机物,可用二级水经进一步处理制得。

1.3 化学试剂的一般知识

1.3.1 试剂的分类

化学试剂的种类很多,其分类和分级标准也不尽一致。我国化学试剂的标准有国家标准(GB)、化工部标准(HG)及企业标准(QB)。试剂按用途可分为一般试剂、标准试剂、特殊试剂、高纯试剂等多种;按组成、性质、结构又可分为无机试剂、有机试剂。目前新的试剂还在不断产生,没有绝对的分类标准。我国国家标准是根据试剂的纯度和杂质含量,将试剂分为五个等级,并规定了试剂包装袋标签颜色及应用范围,见表1-2。

表 1-2 化学试剂的级别及应用范围

级别	名称	英文符号	标签颜色	应用范围
一级	优级纯(保证试剂)	GR	绿	精密分析研究工作
二级	分析纯(分析试剂)	AR	红	分析实验
三级	化学纯	CP	蓝	一般化学实验
四级	实验试剂	LR	黄	工业或化学制备
生化试剂	生化试剂(生物染色剂)	BC	咖啡或玫瑰红	生化实验

1.3.2 试剂的规格

关于化学试剂规格的划分,各国不一致。我国常用试剂等级的划分,参阅表1-2。除上述四个等级外,还根据特殊需要而定出相应的纯度规格,如供光谱分析用的光谱纯、供核试验及其分析用的核纯等。

对于不同的试剂,各种规格要求的标准不同。但总的说来,优级纯试剂杂质含量最低,实验试剂杂质含量较高。应根据实际工作的需要,选用适当等级的试剂,既满足工作要求,又符合节约原则。试剂规格标准缩写与中、英文名称对照见表1-3。

表1-3 试剂规格标准缩写与中文、英文名称对照

序号	略写	中文	英文
1	AR	分析纯	Analytical Reagent
2	BC	生化试剂	Biochemical
3	BP	英国药典	British Pharmacopoeia
4	BR	生物试剂	Biological Reagent
5	BS	生物染色剂	Biological Stain
6	CP	化学纯	Chemical Pure
7	EP	特纯	Extra Pure
8	FCM	络合滴定用	For Complexometry
9	FCP	层析用	For Chromatography Purpose
10	FMP	显微镜用	For Microscopic Purpose
11	FS	合成用	For Synthesis
12	GC	气相色谱	Gas Chromatography
13	GR	优级纯	Guaranteed Reagent
14	HPLC	高压液相色谱	High Pressure Liquid Chromatography
15	Ind	指示剂	Indicator
16	LR	实验试剂	Laboratory Reagent
17	OSA	有机分析标准	Organic Analytical Standard
18	PA	分析用	Pro Analysis
19	Pract	实习用	Practical Use
20	PT	基准试剂	Primary Reagent
21	Pur	纯	Pure Purum
22	Puriss	特纯	Purissmum
23	SP	光谱纯	Spectrum Pure
24	Tech	工业用	Technical Grade
25	TLC	薄层色谱	Thin Layer Chromatography
26	UV	分光纯（光学纯、紫析分光光度纯）	Ultra Violet Pure

1.3.3　试剂的选用

在分析工作中,应根据分析方法及其灵敏度与选择性、分析对象的含量及对分析结果准确度的要求等具体情况合理选用相应级别的试剂,因为化学试剂的纯度越高,其生产或提纯过程越复杂且价格越高,高纯试剂和基准试剂的价格要比一般试剂高数倍至数十倍。所以,在满足实验要求的前提下,选用试剂的级别应就低不就高,做到既不超级别造成浪费,亦不能随意降低试剂级别而影响分析结果。

试剂的选用应考虑以下几点:

(1)滴定分析中常用的标准溶液,一般应先用分析纯试剂进行粗略配制,再用工作基准试剂进行标定。对于某些对分析结果要求不是很高的实验也可以用优级纯或分析纯试剂代替工作基准试剂。如果实验所需标准溶液的量很少,也可用工作基准试剂直接配制标准溶液。滴定分析中所用的其他试剂一般均为分析纯。

(2)仪器分析实验中,一般选用优级纯、分析纯或专用试剂,测定痕量成分时应选用高纯试剂。

(3)在仲裁分析中,一般选用优级纯和分析纯试剂。

(4)很多试剂就其主体含量而言优级纯和分析纯相同或相近,只是杂质含量不同。如果实验对所用试剂的主体含量要求高,则应选用分析纯试剂。如果所做实验对试剂的杂质含量要求很严格,则应选用优级纯试剂。

(5)如果现有试剂的纯度不能满足实验的要求,或对试剂的质量不能确定时,可对实验进行适当的检验或进行一次乃至多次提纯后再使用。

1.3.4　试剂的存放

化学试剂如存放保管不善则会发生变质,变质试剂不仅是导致分析误差的主要原因,而且还会使分析工作失败,甚至引起事故。因此,了解影响化学试剂变质的原因、妥善存放保管化学试剂在实验室中是一项十分重要的工作。

(1)影响化学试剂变质的因素:

1)空气的影响:空气中的氧易使还原性试剂氧化而破坏;强碱性试剂易吸收二氧化碳而变成碳酸盐;水分可以使某些试剂潮解、结块;纤维、灰尘会使某些试剂还原、变色等。

2)温度的影响:试剂变质的速度与温度有关。夏季高温会加快不稳定试剂的分解;冬季寒冷会促使甲醛聚合而沉淀变质。

3)光的影响:日光中的紫外线能加速某些试剂的化学反应而使其变质,如银盐、汞盐、溴和碘的钾、钠、铵盐和某些酚类试剂。

4)杂质的影响:不稳定试剂的纯净与否对其变质情况的影响不容忽视。例如,纯净的溴化汞实际上不受光的影响,而含有微量的溴化亚汞或有机物杂质的溴化汞遇光易变黑。

5)贮存期的影响:不稳定试剂在长期贮存后可能发生歧化聚合、分解或沉淀等变化。

(2)化学试剂的存放:一般化学试剂应存放在通风良好、干净和干燥的地方,并注意防止水分、灰尘和其他物质的污染。

1)固体试剂应保存在广口瓶中,液体试剂应保存在细口瓶或滴瓶中;见光易分解的试剂如硝酸银、高锰酸钾、过氧化氢、草酸等应盛放在棕色瓶中并置于暗处;容易侵蚀玻璃而影响试剂纯度的如氟化物、氢氧化钾等,应保存在塑料瓶中。盛放碱的瓶子要用橡皮塞,不能用磨口塞。

2)吸水性强的试剂,如无水碳酸钠、苛性碱、过氧化钠等应严格用蜡密封。

3)剧毒试剂应设专人保管,经一定程序取用,以免发生意外。

4)相互易作用的试剂,如蒸发性的酸与氨、氧化剂与还原剂应分开存放。易燃的试剂如乙醇、乙醚、苯等与易爆炸的试剂如高氯酸、过氧化氢、硝基化合物,应分开存放在阴凉通风的地方。灭火方法相抵触的化学试剂不能同室存放。

5)特殊化学试剂(汞、金属钠、钾)的存放:①汞易挥发,在人体内会积累起来,引起慢性中毒。因此,不要让汞直接暴露在空气中,应要存放在厚壁器皿中,保存汞的容器内必须加水将汞覆盖,使其不能挥发。玻璃瓶装汞只能装至半满。②金属钠、钾通常应保存在煤油中,放在阴凉处。使用时先在煤油中切割成小块,再用镊子夹取,并用滤纸把煤油吸干。切勿与皮肤接触,以免烧伤。未用完的金属碎屑不能乱丢,可加少量酒精令其缓慢反应掉。

1.3.5　试剂的取用

实验中应根据不同的要求选用不同的试剂。化学试剂在实验室分装时,一般把固体试剂放在广口瓶中,把液体试剂或配制的溶液盛放在细口瓶或带有滴管的滴瓶中,把见光易分解的试剂或溶液(如硝酸银等)盛放在棕色瓶内。每一试剂瓶上都贴有标签,上面写有试剂的名称、规格或浓度(溶液)以及日期。在标签外面涂上一层蜡来保护它。

(1)固体试剂的取用规则:

1)用清洁、干燥的药勺取用。药勺最好专勺专用,否则用过的药勺必须洗净、擦干后才能再使用。

2)试剂取用后应立即盖紧瓶盖。

3)多取出的药品不要再倒回原瓶,可放在指定的窗口中供他人使用。

4)一般试剂可放在称量纸上称量。具有腐蚀性、强氧化性或易潮解的试剂应放在表面皿或玻璃容器内称量,固体颗粒较大时可在清洁干燥的研钵中研碎。

5)有毒药品要在教师指导下取用。

6)往试管中加入固体试剂时,应用药勺或干净的对折纸片装上后伸进试管约 2/3 处,然后竖直试管使药品滑下。

7)加入块状固体时,应将试管倾斜,使其沿管壁慢慢滑下,以免碰破管底。

(2)液体试剂的取用规则:

1)从滴瓶中取用时,要用滴瓶中的滴管。使用时,提出滴管,使滴管口离开液面,用手指紧捏上部橡皮头,赶出空气,然后伸入滴瓶中,放开手指,吸入试剂。放出溶液时,滴管不要触及所接收的容器,以免玷污药品。装有药品的滴管不得横置或滴管口向上斜放,以免液体流入滴管的胶皮帽中。

2)从细口瓶中取用试剂时,用倾注法。将瓶塞取下反放在桌面上,手握住试剂瓶上贴标签的一面,逐渐倾斜瓶子,让试剂沿着洁净的瓶口流入试管或沿着洁净的玻璃棒注入烧杯中。取出所需量后,将试剂瓶口在容器上靠一下,再逐渐竖起瓶子,以免遗留在瓶口的液体滴流到瓶的外壁。

3)利用滴管从试剂瓶中取少量试剂,则需用附置于试剂瓶旁的专用滴管取用。将试剂滴入试管中时,必须将它悬空地放在靠近试管口的上方,然后挤捏橡皮头,使试剂滴入管中。不得将滴管伸入试管中。

4)在试管里进行某些不需要准确体积的实验时,可以估算取用量。如用滴管取,1 mL 相当于多少滴,5 mL 液体占一个试管容量的几分之几等。倒入试管里的溶液的量一般不超过其容积的 1/3。

5)定量取用时,用量筒或移液管,多取的试剂不能倒回原瓶。

1.4 玻璃器皿的洗涤、干燥及常用洗涤剂

1.4.1 洗涤方法

玻璃仪器的洗涤方法很多,一般来说,应根据实验的要求、污染物的性质和玷污程度来选择方法。附着在仪器上的污染物既有可溶性物质,也有尘土、不溶物及有机油污等,可分别采用下列方法洗涤:

(1)用毛刷洗:用毛刷蘸水刷洗仪器,可以去掉仪器上附着的尘土、可溶性物质和易脱落的不溶性杂质。

(2)用去污粉(肥皂、合成洗涤剂)洗:去污粉是由碳酸钠、白土、细砂等混合而成的。将要洗涤容器先用水湿润(少量水),然后撒入少量去污粉,再用毛刷擦洗,它是利用碳酸钠的碱性具有强大去污能力、细砂的摩擦作用、白土的吸附作

用,增强了对仪器的清洗效果。仪器内外壁经擦洗后,先用自来水冲洗去污粉颗粒,然后用蒸馏水洗三次,去掉自来水中的钙、镁、铁、氯等离子。每次蒸馏水的用量要少些,注意节约用水(根据"少量多次"的原则)。

(3)用铬酸洗液洗:铬酸洗液是由浓硫酸和重铬酸钾配制而成的,呈深红褐色,具有强酸性、强氧化性,对有机物、油污等的去污能力特别强。

一些较精密的玻璃仪器,如滴定管、容量瓶、移液管等,由于口径小、管细难以用刷子刷洗,且容量准确,不宜用刷子摩擦内壁,可用铬酸洗液来洗。洗涤时装入少量洗液,将仪器倾斜转动,使管壁全部被洗液湿润。转动一会儿后将洗液倒回原洗液瓶中,再用自来水把残留在仪器中的洗液洗去,最后用少量的蒸馏水洗三次。玷污程度严重的玻璃仪器用铬酸洗液浸泡十几分钟,再依次用自来水和蒸馏水洗涤干净。把洗液微微加热浸泡仪器效果会更好。

如何判断器皿的清洁与否呢?已经清洁的器皿壁上留有一层均匀的水膜,而不挂水珠。凡是已经洗净的仪器,决不能用布或纸擦干,否则布或纸上的纤维将会附着在仪器上。

使用铬酸洗液时应注意以下几点:尽量把仪器内的水倒掉,以免把洗液冲稀;洗液用完应倒回原瓶,可反复使用;洗液具有强大腐蚀性,会灼伤皮肤、破坏衣物,如不慎把洗液洒在皮肤、衣物和桌面上,应立即用水冲洗;已经变成绿色的洗液(重铬酸钾还原为硫酸铬的颜色,无氧化性)不能继续使用;铬(Ⅵ)有毒,清洗残留在仪器上的洗液时,第一、二遍的洗涤水不能倒入下水道,应回收处理。

1.4.2　干燥方法

(1)烘干:洗净的玻璃仪器可以放在电热干燥箱(烘箱)内烘干。放进去之前应尽量把水沥干净。放置时,应注意使仪器的口朝下(倒置后不稳的仪器则应放平)。可以在电热干燥箱的最下层放一个搪瓷盘,以接收从仪器上滴下的水珠,使水滴避免滴到电炉丝上,以免损坏电炉丝。

(2)烤干:烧杯和蒸发皿可以放在石棉网的电炉上烤干。试管可以直接用小火烤干,操作时,先将试管略为倾斜,管口向下,并不时地来回移动试管,水珠消失后,再将管口朝上,以便水汽逸出。

(3)晾干:洗净的仪器可倒置在干净的实验柜内或仪器架上(倒置不稳定的仪器应平放),让其自然风干。

(4)吹干:用压缩空气或吹风机把仪器吹干。

(5)用有机溶剂干燥:一些带有刻度的计量仪器,不能用加热方法干燥,否则会影响仪器的精密度。我们可将一些易挥发的有机溶剂(如酒精或酒精和丙酮的混合液)倒入洗净的仪器中(量要少),把仪器倾斜,转动仪器,使器壁上的水与有机溶剂混合,然后倾出,少量残留在仪器内的混合液,很快会挥发使仪器干燥。

1.4.3　常用洗涤剂

(1)铬酸洗液:铬酸洗液是含有饱和重铬酸钾的浓硫酸溶液。在台秤上称取5 g工业级或化学纯的重铬酸钾置于250 mL烧杯中,溶于10 mL热水中,冷却后在搅动下缓慢沿壁加入约100 mL工业纯浓硫酸。待冷却后移入磨口试剂瓶中,盖塞保存(因浓硫酸易吸水)。新配制的铬酸洗液为红棕色液体。铬酸洗液具有强氧化性和强酸性,适于洗涤无机物和部分有机物,加热至70℃~80℃后使用效果更佳,但要注意玻璃器皿的材质,避免发生破裂。

使用铬酸洗液时应注意以下几点:①由于六价铬和三价铬都有毒,大量使用会污染环境,所以凡是能够用其他洗涤剂进行洗涤的仪器,都不要使用铬酸洗液。分析实验中洗液只用于容量瓶、移液管、吸量管和滴定管的洗涤。②仪器太脏时应先用自来水洗一遍,加洗液前要尽量去掉仪器内的水,以免稀释铬酸洗液而降低洗涤效果。过度稀释的洗液可在通风橱中加热蒸掉大部分水分后继续使用。③洗液要循环使用,用后倒回原瓶中并随时盖严,以防吸水。当洗液由红棕色变为绿色时,即已失效;当出现三氧化铬红色晶体时,说明重铬酸钾浓度已减小,洗涤效果亦降低。失效后的铬酸洗液可再加入适量重铬酸钾加热溶解后继续使用,或回收后统一处理,不得随意排放。④铬酸洗液具有强腐蚀性,使用时要避免撒到手、衣服、实验台及地面上,一旦撒出应立即用水稀释并擦净。此外,仪器中如有氯化物的残留时,应除掉后再加入铬酸洗液,否则会产生有毒的挥发性物质。

(2)合成洗涤剂:主要包括洗衣粉、洗涤灵等,具有高效、低毒的特性,一般的玻璃器皿都可以用它们洗涤,可以有效地洗去油污及某些有机化合物,是洗涤玻璃仪器的最佳选择。

(3)盐酸-乙醇洗液:盐酸和乙醇按1:2的体积比进行混合,是还原性强酸洗液,主要用于洗涤被染色的吸收池(比色皿)、比色管、吸量管等。洗涤时最好是将器皿浸泡于洗液中一定时间,然后用水冲洗。

(4)氢氧化钠-乙醇洗液:将120 g氢氧化钠溶于150 mL水中,再用乙醇(95%)稀释至1 L。此液主要用于洗去油污及某些有机物,用它洗涤精密玻璃量器时,不可长时间浸泡,以免腐蚀玻璃,影响量器精度。

(5)纯酸洗液:用盐酸(1:1)、硫酸(1:1)、硝酸(1:1)或等体积的浓硫酸与浓硝酸配制而成,用于清洗碱性物质玷污、多种金属氧化物及金属离子等无机物玷污。

(6)草酸洗液:将5~10 g草酸溶于100 mL水中,再加入少量浓硫酸。主要用于清洗二氧化锰的玷污。

　　(7)碘-碘化钾洗液：1 g 碘和 2 g 碘化钾溶于 100 mL 水中。用于洗涤硝酸银玷污的器皿和白瓷水槽。

　　要特别指出的是，所有的洗涤剂在使用后排入下水道都将不同程度地污染环境，因此，能循环使用的洗涤剂均应反复利用，不能循环使用的则应尽量减少用量。

1.5　分析化学实验数据的记录、处理和实验报告

1.5.1　实验数据的记录

　　学生应有专门的、预先编有页码的实验记录本，不得撕去任何一页。绝不允许将数据记在单页纸、小纸片或书上、手掌上等。实验记录本可与实验报告本共用，实验后即在实验记录本上写出实验报告。

　　实验过程中的各种测量数据及有关现象，应及时准确而清楚地记录下来。记录实验数据时，要有严谨的科学态度，实事求是，切忌夹杂主观因素，决不能随意拼凑或伪造数据。

　　实验过程中测量数据时，应注意其有效数字的位数。用分析天平称重时，要求记录到 0.000 1 g；滴定管及吸量管的读数，应记录至 0.01 mL；用分光光度计测量溶液的吸光度时，如吸光度在 0.6 以下，应记录至 0.001 的读数，大于 0.6 时，则要求记录至 0.01 的读数。

　　实验记录上的每一个数据，都是测量结果，所以重复观测时，即使数据完全相同，也都要记录下来。

　　进行记录时，对文字记录，应整齐清洁；对数据记录，应采用一定的表格形式，这样就更为清楚明白。

　　在实验过程中，如发现数据算错、测错或读错而需要改动时，可将该数据用一横线划去，并在其上方写上正确的数字。

1.5.2　数据的处理

　　为了衡量分析结果的精密度，一般对单次测定的一组结果 $x_1, x_2, \cdots, x_n$，计算出算术平均值后，应再用单次测量结果的相对偏差、平均偏差、标准偏差等表示出来，这些是分析化学实验中最常用的几种处理数据的表示方法。

　　算术平均值：$\bar{x} = \dfrac{\sum\limits_{i=1}^{n} x_i}{n}$

　　相对偏差：$\dfrac{d}{\bar{x}} = \dfrac{x_i - \bar{x}}{\bar{x}} \times 100\%$

$$平均偏差：\bar{d} = \frac{\sum\limits_{i=1}^{n} |d_i|}{n}$$

$$相对平均偏差：R\bar{d} = \frac{\bar{d}}{x} \times 100\%$$

$$标准偏差：s = \sqrt{\frac{\sum(x_i - \bar{x})^2}{n-1}}$$

$$相对标准偏差（变异系数）：RSD = \frac{s}{x} \times 100\%$$

其中相对偏差是分析化学实验中最常用的确定分析测定结果好坏的方法。例如，用 K_2CrO_7 法五次测得铁矿石 Fe 质量分数分别为 37.40%，37.20%，37.30%，37.50%，37.30%，其处理方法见表1-4。

表1-4　铁矿石中铁含量的测定结果

序号	$\omega_{Fe}/\%$	$\bar{\omega}_{Fe}/\%$	绝对偏差/%	相对偏差/%
x_1	37.40		+0.06	0.16
x_2	37.20		−0.14	−0.37
x_3	37.30	37.34	−0.04	−0.11
x_4	37.50		+0.16	0.43
x_5	37.30		−0.04	−0.11

对分析化学实验数据的处理，有时是大宗数据的处理，甚至有时还要进行总体和样本的大宗数据的处理。例如，某河流水质调查、地球表面的矿藏分布调查、某地不同部位的土壤调查等等。

其他有关实验数据的统计学处理，例如，置信度与置信区间、是否存在显著性差异的检验及对可疑值的取舍判断等可参考有关书籍和专著。

1.5.3　实验报告

实验完毕，应用专门的实验报告本，根据预习和实验中的现象及数据记录等，及时而认真地写出实验报告。分析化学实验报告一般包括以下内容：实验编号、实验名称；实验目的；实验原理：简要地用文字和化学反应式说明。例如，对于滴定分析，通常应有标定和滴定反应方程式、基准物质和指示剂的选择、标定和滴定的计算公式等。对特殊仪器的实验装置，应画出实验装置图；主要试剂和仪器：列出实验中所要使用的主要试剂和仪器；实验步骤：应简明扼要地写出实验步骤流程；实验数据及其处理：应用文字、表格、图形将数据表示出来。根据实验要求及计算公式计算出分析结果并进行有关数据和误差处理，尽可能地使记录表格化;问题讨论:包括解答实验教材上的思考题和对实验中的现象、产生的误差等进行讨论和分析,尽可能地结合分析化学中有关理论,以提高分析问题、解决问题的能力,也为以后的科学研究论文的撰写打下一定的基础。

1.6 实验室安全知识

化学实验室是学习、研究化学问题的重要场所。在实验室中,经常会接触到各种化学药品和仪器。实验室常常潜藏着诸如发生爆炸、着火、中毒、灼伤、割伤、触电等事故的危险性。因此,实验者必须特别重视实验安全。

1.6.1 基础化学实验守则

(1)实验前认真预习,明确实验目的,了解实验原理,熟悉实验内容、方法和步骤。

(2)严格遵守实验室的规章制度,听从教师的指导。实验中要保持安静,有条不紊。保持实验室的整洁。

(3)实验中要规范操作,仔细观察,认真思考,如实记录。

(4)爱护仪器,节约水、电、煤气和试剂药品。精密仪器使用后要在登记本上记录使用情况,并经教师检查认可。

(5)凡涉及有毒气体的实验,都应在通风橱中进行。

(6)将废纸、火柴梗、碎玻璃和各种废液倒入废物桶或其他规定的回收容器中。

(7)损坏仪器应填写仪器破损单,按规定进行赔偿。

(8)发生意外事故应保持镇静,立即报告教师,及时处理。

(9)实验完毕,整理好仪器、药品和台面,清扫实验室,关好煤气、水、电的开关和门、窗。

(10)根据原始记录,独立完成实验报告。

1.6.2 危险品的使用

(1)浓酸和浓碱具有强腐蚀性,不要把它们洒在皮肤或衣物上。废酸应倒入废液缸中,但不要再向里面倾倒碱液,以免酸碱中和产生大量的热而发生危险。

(2)强氧化剂(如高氯酸、氯酸钾等)及其混合物(氯酸钾与红磷、碳、硫等的混合物),不能研磨或撞击,否则易发生爆炸。

(3)银氨溶液放久后会变成氮化银而引起爆炸,因此用剩的银氨溶液应及时处理。

(4)活泼金属钾、钠等不要与水接触或暴露在空气中,应将它们保存在煤油中,用镊子取用。

(5)白磷有剧毒,并能灼伤皮肤,切勿与人体接触。白磷在空气中易自燃,应保存在水中。取用时,应在水下进行切割,用镊子夹取。

(6)氢气与空气的混合物遇火会发生爆炸,因此产生氢气的装置要远离明火。点燃氢气前,必须先检查氢气的纯度。进行产生大量氢气的实验时,应把废气通至室外,并注意室内的通风。

(7)有机溶剂(乙醇、乙醚、苯、丙酮等)易燃,使用时一定要远离明火。用后要把瓶塞塞严,放在阴凉的地方,最好放入沙桶内。

(8)进行能产生有毒气体(如氟化氢、硫化氢、氯气、一氧化碳、二氧化碳、二氧化氮、二氧化硫、溴等)的反应时,加热盐酸、硝酸和硫酸均应在通风橱中进行。

(9)汞易挥发,在人体内会积累起来,引起慢性中毒。可溶性汞盐、铬的化合物、氰化物、砷盐、锑盐、镉盐和钡盐都有毒,不得进入口内或接触伤口,其废液也不能倒入下水道,应统一回收处理。为了减少汞液面的挥发,可在汞液面上覆盖化学液体:甘油的效果最好,5% $Na_2S \cdot 9H_2O$ 溶液次之,水的效果最差。对于溅落的汞应尽量用毛刷蘸水收集起来,直径大于 1 mm 的汞颗粒可用吸气球或真空泵抽吸的捡器捡起来。洒落过汞的地方可以撒上多硫化钙、硫黄粉或漂白粉,或喷洒药品使汞生成不挥发的难溶盐,并要扫除干净。

1.6.3　化学中毒和化学灼伤事故的预防

(1)保护好眼睛。防止眼睛受刺激性气体的熏染,防止任何化学药品特别是强酸、强碱、玻璃屑等异物进入眼内。

(2)禁止用手直接取用任何化学药品,使用有毒药品时,除用药匙、量器外,必须佩戴橡皮手套,实验后马上清洗仪器用具,立即用肥皂洗手。

(3)尽量避免吸入任何药品和溶剂的蒸气。处理具有刺激性、恶臭和有毒的化学药品时,如硫化氢、二氧化氮、氯气、溴气、一氧化碳、二氧化硫、氯化氢、氟化氢、浓硝酸、发烟硫酸、浓盐酸、乙酰氯等,必须在通风橱内进行。通风橱开启后,不要把头伸入橱内,并保持实验室通风良好。

(4)严禁在酸性介质中使用氰化物。

(5)用移液管、吸量管移取浓酸、浓碱、有毒液体时,禁止用口吸取,应该用洗耳球吸取。严禁冒险品尝药品试剂,不得用鼻子直接嗅气体,而是用手向鼻孔扇入少量气体。

(6)实验室内禁止吸烟进食,禁止穿拖鞋。

1.6.4　一般伤害的救护

(1)割伤:可用消毒棉棒把伤口清理干净,若有玻璃碎片需小心挑出,然后涂以紫药水等抗菌药物消炎并包扎。

(2)烫伤:一旦被火焰、蒸气、红热的玻璃或铁器等烫伤时,应立即将伤处用大量水冲洗,以迅速降温避免深度烧伤。若起水泡,不宜挑破,用纱布包扎后送医院治疗;对轻微烫伤,可用浓高锰酸钾溶液润湿伤口至皮肤变为棕色,然后涂上獾油或烫伤膏。

(3)受碱腐蚀:先用大量水冲洗,再用醋酸($20\ g \cdot L^{-1}$)清洗,最后用水冲洗。如果碱溅入眼内,先用硼酸溶液洗,再用水洗。

(4)受溴灼伤:这是很危险的。被溴灼伤后的伤口一般不易愈合,必须严加防范。凡用溴时都必须预先配制好适量的 20% 的 $Na_2S_2O_3$ 溶液备用。一旦有溴粘到皮肤上,立即用 $Na_2S_2O_3$ 溶液冲洗,再用大量的水冲洗干净,包上消毒纱布后就医。

(6)白磷灼伤:用 1% 的硝酸银溶液、1% 的硫酸铜溶液或浓高锰酸钾溶液清洗后进行包扎。

(7)吸入刺激性气体:可吸入少量酒精和乙醚的混合蒸气,然后到室外呼吸新鲜空气。

(8)毒物进入口内:把 5~10 mL 的稀硫酸铜溶液加入一杯温水中,内服后用手伸入喉部,促使呕吐,吐出毒物后再送医院治疗。

1.6.5　灭火常识

实验室内万一着火,要根据起火的原因和火场周围的情况,采取不同的扑灭方法。起火后不要慌张,一般应立即采取以下措施:

(1)防止火势扩展:停止加热、通风,关闭电闸,移走一切可燃物。

(2)扑灭火源:一般的小火可用湿布、石棉布或沙土覆盖在着火的物体上;衣物着火时,切不可慌张乱跑,应立即用湿布或石棉布压灭火焰,如燃烧面积较大,可躺在地上,就地打滚。能与水发生剧烈作用的化学药品(如金属钠)或比水轻的有机溶剂着火,不能用水扑救,否则会引起更大的火灾。使用灭火器也要根据不同的情况选择不同的类型。现将常用灭火器及其适用范围列入表 1-5。

表 1-5　常用灭火器及其适用范围

灭火器类型	药液成分	适用范围
酸碱灭火器	H_2SO_4 和 $NaHCO_3$	非油类和电器失火的初期火灾
泡沫灭火器	$Al_2(SO_4)_3$ 和 $NaHCO_3$	适用于油类起火
二氧化碳灭火器	液态 CO_2	适用于扑灭电器设备、小范围的油类及忌水的化学药品的失火

（续表）

灭火器类型	药液成分	适用范围
四氯化碳灭火器	液态 CCl_4	适用于扑灭电器设备、小范围的汽油、丙酮等失火,不能用于扑灭活泼金属钾、钠的失火,因四氯化碳会强烈分解,甚至爆炸;电石、二硫化碳的失火也不能用它,因会产生光气一类的毒气
干粉灭火器	主要成分是 $NaHCO_3$ 等盐类物质与适量的润滑剂和防潮剂	扑救油类、可燃性气体、电器设备、精密仪器、图书文件等物品的初期火灾

1.7 三废的处理

根据绿色化学的基本原则,化学实验室应尽可能选择对环境无毒害的实验项目。对确实无法避免的实验项目若排放出废气、废渣和废液(这些废弃物又称三废),如果对其不加处理而任意排放,不仅会污染周围空气、水源和环境,造成公害,而且三废中有用或贵重成分未能回收,在经济上也是个损失。因此,化学实验室三废的处理是很重要而又有意义的。

化学实验室的环境应该规范化、制度化,应对每次产生的废气、废渣和废液进行处理。对教师和学生应要求按照国家要求的排放标准进行处理,把用过的酸类、碱类、盐类等各种废液、废渣分别倒入各自的回收容器内,再根据各类废弃物的特性,采取中和、吸收、燃烧、回收循环利用等方法来进行处理。

1.7.1 实验室的废气

实验室中凡可能产生有害废气的操作都应在有通风装置的条件下进行,如加热酸、碱溶液及产生少量有毒气体的实验等应在通风橱中进行。汞的操作室必须有良好的全室通风装置,其抽风口通常在墙的下部。实验室若排放毒性大且较多的气体,可参考工业上废气处理的办法,在排放废气之前,采用吸附、吸收、氧化、分解等方法进行预处理。毒性大的气体可参考工业上废气处理的办法处理后排放。

1.7.2 实验室的废渣

实验室产生的有害固体废渣虽然不多,但绝不能将其与生活垃圾混倒。固体废弃物经回收、提取有用物质后,其残渣仍含有污染物,此时方可对它作最终的安全处理。

(1)化学稳定:对少量(如放射性废弃物等)高危险性物质,可将其通过物理或化学的方法进行(玻璃、水泥、岩石)固化,再进行深地填埋。

(2)土地填埋:这是许多国家对固体废弃物进行最终处置的主要方法。要求被填埋的废弃物应是惰性物质或经微生物分解可成为无害物质。填埋场地应远离水源,场地底土不透水、不能穿入地下水层。填埋场地可改建为公园或草地。因此,这是一项综合性的环保工程技术。

1.7.3 实验室的废液

(1)化学实验室产生的废弃物很多,但是以废液为主。实验室产生的废液种类繁多、组成变化大,应根据溶液的性质分别进行处理。废酸液可先用耐酸塑料网纱或玻璃纤维过滤,滤液加碱中和,调 pH 至 6～8 后就可以排出,少量滤渣可埋于地下。

(2)废洗液可用高锰酸钾氧化法使其再生后使用。少量的废洗液可加废碱液或石灰使其生成 $Cr(OH)_3$ 沉淀,将沉淀埋于地下即可。

(3)氰化物是剧毒物质,少量的含氰废液可先加 NaOH 调至 pH>10,再加入几克高锰酸钾使 CN^- 氧化分解。大量的含氰废液可用碱性氯化法处理,即先用碱调至 pH>10,再加入 NaClO,使 CN^- 氧化成氰酸盐,并进一步分解为 CO_2 和 N_2。

(4)含汞盐的废液先调 pH 至 8～10,然后加入过量的 Na_2S,使其生成 HgS 沉淀,并加 $FeSO_4$ 与过量的 S^{2-} 生成 FeS 沉淀,从而吸附 HgS 共沉淀下来。离心分离,清液含汞量降到 $0.02\ mg \cdot L^{-1}$ 以下,可排放。少量残渣可埋于地下,大量残渣可用焙烧法回收汞,但应注意一定要在通风橱中进行。

(5)含重金属离子的废液,最有效和最经济的方法是加碱或加 Na_2S 把重金属离子变成难溶性的氢氧化物或硫化物沉淀下来,过滤后残渣可埋于地下。

第2章 定性分析的基础知识

2.1 定性分析概述

2.1.1 定性分析的方法

定性分析的任务是确定物质由哪些组分组成。完成上述任务可以利用的分析方法有两种:湿法分析和干法分析。

(1)湿法分析:在定性分析中,先将试样制成溶液,然后加入某种试剂,根据溶液中的化学反应来确定物质组成的分析方法,称为湿法分析。这是一种历史悠久、应用广泛的分析方法。

(2)干法分析:在定性分析中,若直接取固体试样进行分析,称为干法分析。如颜色反应,就是用铂金丝蘸取固体样品,在无色灯焰上灼烧,根据火焰所呈现的颜色,来判断物质组成。这种方法操作简单、灵敏,但缺乏系统性。

2.1.2 定性反应进行的条件

定性反应同其他化学反应一样,只有在一定的条件下才能进行。如果条件不合适,则可能不反应或只有部分反应,甚至反应向相反方向进行,因而得不到可靠的结果。定性分析分为两类:分离或掩蔽离子、鉴定离子。对前者的要求是反应进行得完全,有足够的速度,用起来方便;对后者的要求是不仅反应要完全、迅速地进行,而且对沉淀的生成或溶解、溶液颜色的改变、气体的排出及特殊气味的产生等外部特征都有要求,否则我们就无从鉴定某离子是否存在。

因此,在学习定性分析时,要认真理解掌握反应进行的条件,依据化学平衡的原理创造条件,使反应顺利进行。

反应条件主要包括以下几项:

(1)反应物的浓度:根据化学平衡原理,增加反应物的浓度,会促使平衡向生成产物的方向移动,且只有在溶液中起反应离子的浓度足够大时,才能发生明显的反应。以沉淀反应为例,如 Pb^{2+} 与 K_2CrO_4 试剂作用生成黄色的沉淀:

$$Pb^{2+} + CrO_4^{2-} =\!=\!= PbCrO_4 \downarrow$$

当这两种离子的浓度的乘积大于该温度下沉淀的溶度积时才能产生沉淀,

且只有在沉淀的量达到可以察觉的程度时,才能观察出反应的发生。

(2)溶液的酸度:许多定性分析都要求反应在一定酸度下进行。一般来说,凡溶于酸的沉淀不能从酸性溶液中析出;溶于碱的沉淀也不能从碱性溶液中析出;如果生成物既溶于酸又溶于碱,则该反应只能在中性溶液中进行。

适宜的酸度条件可以通过加入酸、碱来调节,必要时还要用缓冲溶液来维持。例如以 K_2CrO_4 鉴定 Ba^{2+} 时,要求在 pH≈5 时生成沉淀,因此可加入 HAc-NaAc 缓冲溶液来保持这个酸度。

(3)溶液的温度:一方面某盐的溶解度随温度升高而显著增大,另一方面温度影响化学反应的平衡常数。如 $PbCl_2$ 难溶于冷水,而在热水中溶解度显著增加,致使 $PbCl_2$ 溶于热水。根据这一情况,当以沉淀的形式分离它时,应尽量在低温下进行;相反,将它以热水溶解并同其他氯化物沉淀分离时,应趁热进行。向 AsO_4^{3-} 的稀 HCl 溶液通 H_2S 时,反应进行得很缓慢,迟迟得不到 As_2S_3 的沉淀,但如果使反应在加热的条件下进行,速度将会加快。

在一些定性分析中,加热是不可缺少的条件,例如 NH_4^+ 的鉴定是加强碱并加热,使 NH_3 气排出;不加热时 NH_3 的排出既缓慢又不完全。

(4)干扰物质的影响:某一鉴定反应能否成功地鉴定某离子,除上述诸因素外,还应考虑干扰物质是否存在。如同时存在 Ag^+,Ba^{2+},Hg_2^{2+} 等离子,它们也能与试剂作用生成类似的其他颜色沉淀,而干扰 Pb^{2+} 的鉴定。所以只有设法分离或掩蔽后,离子的鉴定结果才能可靠。

2.1.3　反应的灵敏度和选择性

一种离子可有几种不同的鉴定反应,在作离子鉴定时,选择什么反应、用什么试剂,主要从两个方面考虑,即反应的灵敏度和反应的选择性。

(1)反应的灵敏度:如果某一定性反应能用来鉴定出含量极少的物质,或能从极稀的溶液中检出该物质,则可认为这一反应很灵敏,称为灵敏反应。反应灵敏的程度可用"检出限量"和"最低浓度"表示。

在一定条件下,某鉴定反应所能检出离子的最小质量(μg),称为这个反应的检出限量(m)。

在一定条件下,某鉴定反应鉴出离子仍能得到肯定结果的最低浓度,称为该鉴定反应的最低浓度,常用 1:G 或 ρ_B 表示。G 是含有 1 g 被鉴定离子的溶剂的质量;ρ_B 则以 $\mu g \cdot mL^{-1}$ 为单位,因此两者的关系为 $\rho_B G = 10^6$。

(2)反应的选择性:定性分析要求鉴定方法不仅要灵敏,而且希望鉴定某种离子时不受其他共存离子的干扰。具备这一条件的反应称为特效反应,该试剂则称为特效试剂。

例如，在试样中含有 NH_4^+ 时，加入 NaOH 并加热，便会有 NH_3 放出，此气体有特殊气味，并可通过湿润的红色石蕊试纸变蓝色等方法加以鉴定。一般认为这是鉴定 NH_4^+ 的特效反应，NaOH 是鉴定 NH_4^+ 的特效试剂。

鉴定反应的特效性是相对的，事实上一种试剂往往不能同若干种离子起作用。能与为数不多的离子发生反应的试剂称为选择性试剂，相应的反应称为选择性反应。发生某一种选择性反应的离子数目越少，则反应的选择性越高。对于选择性高的反应，则易于创造条件使其成为特效反应。

2.1.4 空白试验和对照试验

鉴定反应的"灵敏"和"特效"，是使一种待检离子可被准确鉴定的必要条件。但有时由于溶剂、辅助试剂或器皿等可能引来外来离子，或由于试剂失效、反应控制不当等不良因素的影响，"灵敏"和"特效"并不能完全保证鉴定的可靠性。但空白试验和对照试验可以及时纠正错误的分析结果，给出正确的判断。

(1)空白试验：在鉴定反应的同时，另取一份配制试样溶液用的蒸馏水代替试液，然后加入相同的试剂，以同样的方法进行鉴定，看是否仍可鉴出。例如，在试样的 HCl 溶液中用 NH_4SCN 鉴定 Fe^{3+} 时，得到血红色溶液，示有 Fe^{3+} 存在。为弄清是否为原试液所有，可另取配制试样所用的蒸馏水和 HCl 试剂，按相同方法进行试验。若得到同样血红色，说明蒸馏水或 HCl 试剂中含有微量 Fe^{3+} 或器皿不干净所致。若试验结果为无色或浅红色，则说明试样中确实含有 Fe^{3+}。

(2)对照试验：当鉴定反应不够明显或现象异常，特别是在怀疑所得到的否定结果是否准确时，往往需要作对照试验，即以已知离子的溶液代替试液，用同法鉴定。如果也得出否定结果，则说明试剂已经失效，或是反应条件控制得不够正确等等。

2.1.5 分别分析法和系统分析法

在常见的一些无机物中，尽管盐的种类很多，但若以组成盐的阳阴离子来计，常见的不过二十多种阳离子和十几种阴离子。分析这些离子的方法可分为分别分析法和系统分析法。

(1)分别分析法：在多种离子共存时，不经分离，利用特效反应直接检出某一离子的方法，称为分别分析法。例如，我们可以直接从一阳离子未知液中，利用 NaOH 检出 NH_4^+ 是否存在；利用 KSCN 试剂在 HCl 存在下检出 Fe^{3+} 是否存在。分别分析法在进行目标明确的有限分析中显得特别优越。在没有指定的鉴定目标的情况下，为了缩小鉴定的范围，往往要先做一些初步特效试验，以肯定或否定某些离子存在的可能性。

(2)系统分析法：对于没有指定分析范围或较为复杂的试样，如采用分别分析法逐一地检出某个离子常不方便,也不大可能。因此,需要根据具体情况,拟定一个分析顺序,作一些必要的分离或掩蔽,创造条件,提高反应的选择性,然后再鉴定。这种按照一定的顺序和步骤将离子逐步分离的分析方法,称为系统分析法。例如,利用稀 HCl 能使 Ag^+,Pb^{2+},Hg_2^{2+} 生成白色沉淀,从而与其他离子分离。像稀 HCl 这样在一定条件下,能使一组离子沉淀下来的试剂称为组试剂。

2.2　定性分析的主要仪器

2.2.1　离心管和离心管架

离心管是底部呈锥形的玻璃试管(图 2-1),常见的有 3 mL,5 mL,10 mL 三种规格。有的离心管带有刻度,可以读出所装溶液的体积。离心管主要用来进行沉淀的离心沉降和观察少量沉淀的生成和沉淀颜色的变化,并可进行溶剂萃取。离心管放在离心管架上。

图 2-1　离心管

2.2.2　滴管、毛细滴管、搅拌棒和药匙

滴管(图 2-2(a))顶端装有橡皮(或塑料)乳胶头,用于滴加一定体积的水或溶液。常用的滴管每滴约为 0.05 mL。

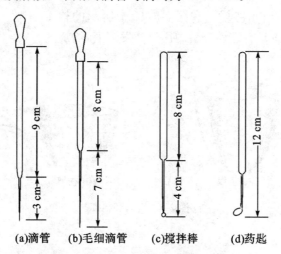

(a)滴管　(b)毛细滴管　(c)搅拌棒　(d)药匙

图 2-2　滴管、毛细滴管、搅拌棒和药匙

毛细滴管(图 2-2(b))主要用于从离心管中吸出沉淀上的离心液,所以也叫毛细吸管,其尖端较滴管细而长。有时也用于滴加少量试剂。常见的毛细滴管 1 滴约为 0.02 mL,制作方法与滴管相似。

搅拌棒(图 2-2(c))是一端拉细、尖端烧圆呈球形的玻璃棒,用于搅拌离心管的内容物、洗涤沉淀、加速反应等。

药匙(图 2-2(d))是将玻璃棒的一端烧红用镊子压扁制成的,用于取少量固体试剂。

2.2.3 点滴板

点滴板是带有圆形凹槽的瓷板(图 2-3),点滴反应在凹槽中进行。为了适应不同的情况,点滴板有白、黑和透明的三种。在白瓷点滴板上适于作有色反应;在黑瓷点滴板上适

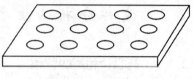

图 2-3 点滴板

于作生成白色沉淀的反应;如果沉淀颜色和母液颜色相同,则使用厚玻璃制的透明点滴板效果最好,没有透明点滴板时可以用表面皿代替。

2.2.4 表面皿

表面皿以直径为 5～7 cm 的最为适宜。它既可作鉴定反应的容器,又可把两块合起来作为气室(图 2-4)。

2.2.5 坩埚和杓皿

图 2-5(a)中所示的坩埚和图 2-5(b)中所示的杓皿(有柄小蒸发皿),在定性分析中用于蒸发溶液、灼烧分解铵盐。

图 2-4 气室

(a)坩埚   (b)杓皿

图 2-5 坩埚和杓皿

2.2.6 洗瓶

用 500 mL 平底烧瓶或软质塑料瓶制作,内盛蒸馏水,用以洗涤沉淀、离心管或滴管等。

2.2.7　试剂瓶

试剂通常盛于一些体积较小的试剂瓶内(图 2-6)。试剂瓶上附有胶皮乳头滴管。试剂瓶按一定次序放在试剂架的上,便于取用。

2.2.8　水浴

水浴是指通过加热大容器里的水直至 100℃沸腾,从而使水恒定地保持其沸点温度。其目的是为了使水浴中加热的试样获得稳定的温度(图 2-7)。

图 2-6　试剂瓶

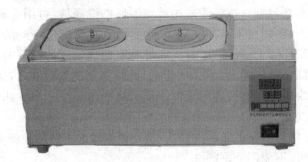

图 2-7　水浴

2.2.9　离心机

离心机是利用离心沉降原理将沉淀同溶液分开的仪器,电动离心机如图 2-8 所示。常用离心机的使用方法如下:

(1)将盛有溶液的离心管置于离心机套管内,必要时可在管底垫棉花、橡皮垫或泡沫塑料等柔软物质,以防止旋转时碰破离心管。如仅有一管溶液,可在相对管内盛清水以平衡。

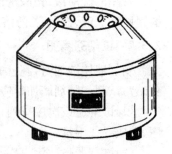

图 2-8　电动离心机

(2)将离心管及其套管按对称位置放入离心机移动盘中,将盖盖好。

(3)打开电源,缓慢移动速度调节器的指针至所需要的速度刻度上,维持一定时间(大约 5 min)。

(4)到达时间后,将速度调节器的指针慢慢转至零点,然后关闭电门。

(5)等移动盘自动停止转动后,方可将离心机盖打开取出离心管。取出离心管时应小心,勿使已沉淀的物质因震动而上升,导致浑浊。

(6)使用离心机时,如发现离心机震动且有杂音,则表示内部重量不平衡;如发现有金属音,则表示内部试管破裂,均应立即停止使用,进行检查。

(7)最后全面检查,切断电源。

2.3 定性分析的基本操作

2.3.1 玻璃器皿的洗涤

定性分析的鉴定方法都很灵敏,即使少量杂质也会造成很大影响,因此确保仪器的清洁是实验中的一项基本的要求。在实验中所使用的器皿应洁净,其内外壁应能被水均匀地润湿,且不挂水珠。

(1)烧杯、锥瓶、量筒、量杯等常用玻璃器皿的洗涤法:可用毛刷蘸去污粉或合成洗涤剂刷洗,再用自来水冲洗干净,然后用蒸馏水或去离子水润洗三次。

(2)滴定管、移液管、吸量管、容量瓶等具有精确刻度的仪器的洗涤法:可用合成洗涤剂洗涤。常将配成 $0.1\% \sim 0.5\%$ 的洗涤剂倒入容器内,摇动几分钟后弃去,用自来水冲洗干净后,再用蒸馏水或去离子水润洗三次。如果未洗干净,可用铬酸洗液洗涤。

(3)光度分析用的比色皿的洗涤法:将比色皿浸泡于热的洗涤液中一段时间后冲洗干净即可,不能用毛刷刷洗。

常用的洗涤液:铬酸洗液、合成洗涤剂、碱性高锰酸钾洗涤液、酸性草酸和盐酸羟胺洗涤液、盐酸-乙醇溶液、有机溶剂洗涤液。

2.3.2 试剂的滴加

滴加液体试剂时,滴管的尖端应略高于离心管口,不得触及离心管内壁,以免玷污试剂。试剂滴加时应注意以下事项:

(1)试剂应按次序排列,取用试剂时不得将试剂瓶从架上取下,以免打乱顺序,造成寻找困难。

(2)试剂严防玷污,只能使用试剂瓶中原有的滴管,不得用其他滴管,以免玷污试剂。试剂瓶中的滴管除取用时拿在手中外,不得放在原瓶以外的任何地方。拿滴管时,管口应始终保持低于橡皮头,不能倒置,以免试剂流入橡皮头内,腐蚀橡皮头。

(3)加完试剂后将滴管放回原瓶时,要注意试剂瓶的标签与所取试剂是否一致,以免弄错玷污试剂。如发现放错滴瓶,必须将该试剂瓶中试剂全部倒掉,洗净试剂瓶及滴管后,重装纯净的溶液。

(4)使用试纸要用镊子夹取。固体试剂应该用原瓶自带的玻璃药勺取用。

2.3.3 沉淀与溶液的分离

将带有沉淀的离心管放在离心机中进行离心沉淀。沉淀微粒受离心力的作用而沉降在离心管的底部尖端,然后可用滴管(或毛细滴管)将离心液吸出(图 2-9)。先用手指捏滴管(或毛细滴管)上端的橡皮乳胶头,排出其中的空气,然后将离心管倾斜 45°,把滴管(或毛细滴管)下端伸入离心液面下(绝不可触及沉淀),慢慢放松橡皮乳胶头,离心液缓慢地进入滴管。如一次吸不完,可重复上述操作。

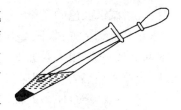

图 2-9　用吸出法将沉淀和溶液分离

2.3.4　沉淀的洗涤

沉淀与离心液分离后,沉淀中必然还含有少量溶液。为使沉淀纯净、分析结果准确,这部分离心液须洗去。

洗涤沉淀的方法:用滴管沿管壁加数滴洗涤液,充分搅拌后离心分离。每次应尽可能地把洗涤液吸尽。在一般情况下洗涤 2～3 次即可。

2.3.5　沉淀的分取和溶解

洗净后的沉淀如需分几份分别加以分析时,可在含有沉淀的离心管中加几滴水。将滴管伸入溶液,挤压橡皮乳胶头,借挤出的空气搅动沉淀,使之悬浮于溶液中。然后放松橡皮乳胶头,浑浊液进入滴管,便可将试液置于适当容器中分析。

如欲溶解沉淀,可加入适当的溶剂,搅拌并观察沉淀溶解情况。必要时可在水浴上加热。如果沉淀只是部分地溶解于试剂,则应特别注意使应该溶解的部分溶解完全。一般加两次试剂处理较为稳妥。

2.3.6　加热

在定性分析中许多反应都需要加热,但直接把离心管放在火焰上加热会使溶液溅出,所以一般用试管夹夹住放在水浴上加热,水浴中水应保持微沸。

2.3.7　蒸发

蒸发可在杓皿或瓷坩埚中进行。直接放在石棉网上小火加热。蒸发至将干时,须及时停止加热,利用石棉网上的余热蒸发,以免在强热下使某些盐分解为难溶性的氧化物,变得不好处理。

2.3.8　气体的鉴定

在定性分析中,鉴定气体可在气室中进行,也可以在验气装置中进行。

(1)气室法:气室是由两块干燥洁净的表面皿组成的。先将试纸(石蕊试纸或 pH 试纸)或浸过所需试剂的滤纸润湿后贴在上表面皿凹面上,然后在下表面皿中加入试剂,立即将贴好试纸的上表面皿盖上,在水浴中加热。待反应发生后,观察试纸颜色的变化。

(2)验气装置:如图 2-10 所示,(a)为在离心管的软木塞上插一尖端为球形的玻棒,试剂就悬在球形处。(b)为插一玻璃管,试剂保持在管的尖端,当离心管中的试液产生气体时,便与上面的试剂发生作用。有的还可以在管口处放一润湿的某种试剂的试纸,如 $AgNO_3$ 试纸、$Pb(Ac)_2$ 试纸。根据试纸与气体发生反应后颜色的变化,判断属何种气体。

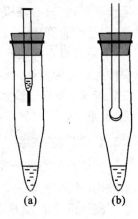

图 2-10 验气装置

2.3.9 纸上点滴反应

(1)先将试剂滴在点滴板上,然后用去掉橡皮乳胶头的毛细滴管在点滴板上取用,切不可将毛细滴管直接插入试剂瓶中吸取试剂。毛细滴管用后应洗净,并用滤纸吸干。

(2)取用试剂时,先将毛细滴管的尖端浸入所需溶液下 1～2 mm 处,然后将毛细滴管取出,垂直持毛细滴管,使管尖与滤纸(约 2 cm×2 cm)接触,轻轻压在滤纸上,至纸上的潮湿斑点直径扩大为 5～10 mm 时,将毛细滴管迅速拿开。在所生成的潮湿斑点中心,按照相同规则,用吸有适当试剂的毛细滴管与其接触。溶液绝对不能滴在滤纸上,滤纸应先做空白试验。

(3)斑点力求为圆形,这样可保证试剂均匀分布和点滴图像准确清晰。

(4)加试剂时必须按照一定的顺序,否则可能得出错误结论。

(5)滤纸不要直接放在实验台或书本上进行操作,最好悬空操作,即用拇指和食指水平拿着滤纸两侧,或将滤纸放在清洁干燥的坩埚口上进行操作。

第3章　定性分析实验

实验1　阳离子第Ⅰ组(银组)——Ag^+,Pb^{2+},Hg_2^{2+}的分析

一、银组离子的分析方法

本组离子的组试剂是稀 HCl。Ag^+,Pb^{2+},Hg_2^{2+}三种离子的氯化物均难溶于水,而 $PbCl_2$溶解度较大,可溶于热水,而 $AgCl$,$HgCl_2$则不溶。为此,我们将$PbCl_2$加热溶解,可将其可分到阳离子第Ⅱ组。

$$Ag^+ + Cl^- = AgCl\downarrow$$
$$Pb^{2+} + 2Cl^- = PbCl_2\downarrow$$
$$Hg_2^{2+} + 2Cl^- = Hg_2Cl_2\downarrow$$
$$PbCl_2 \xrightarrow{\triangle} Pb^{2+} + 2Cl^-$$

AgCl 易溶于氨水,形成 $Ag(NH_3)_2^+$,Hg_2Cl_2 与 NH_3 反应形成难溶于水的氨基化合物($HgNH_2Cl$)并析出 Hg,借此可将两者分开。

$$AgCl + 2NH_3 = Ag(NH_3)_2^+ + Cl^-$$
$$Hg_2Cl_2 + 2NH_3 = Hg_2NH_2Cl\downarrow + NH_4^+ + Cl^-$$
$$Hg_2NH_2Cl = HgNH_2Cl\downarrow + Hg\downarrow$$

二、银组离子的鉴定反应

1. Ag^+ 的鉴定

取 Ag^+ 的试液 2 滴于离心管中,加 6 mol·L^{-1} HCl 溶液 1 滴,搅拌,离心沉降,弃去离心液,以 6 mol·L^{-1}氨水 1~2 滴溶解沉淀,再以 6 mol·L^{-1} HNO_3 酸化后又得白色沉淀,表示有 Ag^+。

2. Pb^{2+} 的鉴定

取 Pb^{2+} 的试液 2 滴于离心管中,加 3 mol·L^{-1} H_2SO_4 溶液 1 滴,搅拌,离心沉降,吸出离心液,在沉淀上加几滴水和少许小颗粒固体 NH_4Ac(或 6 mol·L^{-1}NaOH 溶液),搅拌,加热,使沉淀溶解,然后以 6 mol·L^{-1} HAc 酸化,加0.25 mol·L^{-1} K_2CrO_4溶液,如有黄色 $PbCrO_4$ 沉淀生成,表示有 Pb^{2+}。

3. Hg_2^{2+} 的鉴定

取 Hg_2^{2+} 的试液 2 滴置于离心管中,加 6 mol·L^{-1} HCl 溶液 1 滴,若有白色沉淀,再加 6 mol·L^{-1} 氨水后变为黑色,表示有 Hg_2^{2+}。

三、银组离子混合物的分析

1. 银组离子的沉淀

取 Ag^+、Hg_2^{2+} 试液各 2 滴和 Pb^{2+} 试液 10 滴,放在一支离心管中,加 2 滴 6 mol·L^{-1} HCl 溶液,充分搅拌,约 2 min 后离心沉降,弃去离心液,沉淀以 3 滴 1 mol·L^{-1} HCl 溶液洗涤两次,然后按 2 研究。

在分析未知液时,应首先检查试液的酸碱性,若为碱性,应先以 6 mol·L^{-1} HNO_3 溶液转化为酸性,然后再加 6 mol·L^{-1} HCl 溶液 1 滴,充分搅拌,等待 2 min 后,观察有无沉淀。如无沉淀,表明银组离子(Pb^{2+} 除外)不存在,不必再加;如有沉淀,再补加 1 滴,以便使沉淀完全。离心沉降后,离心液中含其他组阳离子应保留,以便以后研究。

2. Pb^{2+} 的分离和鉴定

向所得氯化物沉淀上加水 1 mL,然后在水浴中加热近沸,搅拌,1~2 min 后,趁热离心沉降,并迅速吸出离心液于另一离心管中。此项手续要避免长时间加热沸腾,以免在 6 mol·L^{-1} HNO_3 溶液存在下将亚汞盐沉淀氧化为二价汞盐而溶解。向离心液中加 6 mol·L^{-1} HAc 1 滴和 0.25 mol·L^{-1} K_2CrO_4 3 滴,如生成黄色 $PbCrO_4$ 沉淀,表示有 Pb^{2+}。

3. Hg_2^{2+} 的鉴定和 Ag^+ 的分离

在 2 中如已鉴定有 Pb^{2+},则在所得残渣上加水 1 mL,加热并搅拌,离心分离后弃去洗涤液。在分析未知物时,Pb^{2+} 可能不存在,此时洗涤手续可以省去。

向 2 的残渣加 5~10 滴 6 mol·L^{-1} 氨水,搅拌。如残渣变黑($HgNH_2Cl$+Hg),表示有汞。离心沉降,吸出离心液,按 4 进行处理。

4. Ag^+ 的鉴定

在 3 的离心液中加几滴 6 mol·L^{-1} HNO_3 溶液酸化,如有白色 AgCl 沉淀生成,表示有 Ag^+ 存在。

本组的分析步骤见图 3-1。

四、思考题

(1) 试述第Ⅰ组阳离子的沉淀条件及分离方法。

(2) 向未知溶液中加入第Ⅰ组组试剂 HCl 时,未生成沉淀,是否表示第Ⅰ组阳离子都不存在?

(3) 如果以 KI 代替 HCl 作为第Ⅰ组组试剂,将产生哪些后果?

(4) 举出①Ag^+ 与配位体生成的配离子;②Pb^{2+} 与配位体生成的配离子。

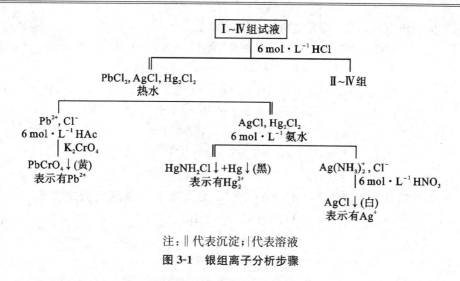

注：‖代表沉淀；|代表溶液

图 3-1　银组离子分析步骤

实验 2　阳离子第Ⅱ组（铜锡组）——Pb^{2+}，Bi^{3+}，Cu^{2+}，Cd^{2+}，Hg^{2+}，As（Ⅲ，Ⅴ），Sb（Ⅲ，Ⅴ），Sn（Ⅱ，Ⅳ）的分析

一、铜锡组离子的分析方法

Pb^{2+}，Bi^{3+}，Cu^{2+}，Cd^{2+}，Hg^{2+}，As（Ⅲ，Ⅴ），Sb（Ⅲ，Ⅴ），Sn（Ⅱ，Ⅳ）离子属于第Ⅱ组阳离子，前四种为ⅡA组，后四种为ⅡB组。

第Ⅱ组离子的组试剂是 $0.3\ mol \cdot L^{-1}$ HCl-H_2S。H_2S 已广泛地被硫代乙酰胺（简称 TAA）试剂所代替。

ⅡA组离子 Pb^{2+}，Bi^{3+}，Cu^{2+}，Cd^{2+} 在组试剂的作用下加热时，生成黑色的 PbS，Bi_2S_3，CuS 和橙黄色的 CdS 沉淀。

$$Pb^{2+} + H_2S \Longrightarrow PbS \downarrow + 2H^+$$
$$2Bi^{3+} + 3H_2S \Longrightarrow Bi_2S_3 \downarrow + 6H^+$$
$$Cu^{2+} + H_2S \Longrightarrow CuS \downarrow + 2H^+$$
$$Cd^{2+} + H_2S \Longrightarrow CdS \downarrow + 2H^+$$

上述沉淀不溶于 NaOH-TAA 溶液。将它们溶于 HNO_3 溶液后生成 Pb^{2+}，Bi^{3+}，Cu^{2+}，Cd^{2+} 的混合溶液，加入甘油和过量的 NaOH 混合溶液后，会生成白色的 $Cd(OH)_2$ 沉淀，可将 Cd^{2+} 与 Pb^{2+}，Bi^{3+}，Cu^{2+} 分开。

ⅡB组离子 Hg^{2+}，As（Ⅲ，Ⅴ），Sb（Ⅲ，Ⅴ），Sn（Ⅱ，Ⅳ）与 TAA 反应均生成硫化物沉淀。TAA 有还原性（实质上是 H_2S 有还原性），可使 As（Ⅴ），Sb（Ⅴ）还原。As（Ⅲ，Ⅴ）均生成黄色 As_2S_3 沉淀，Sb（Ⅲ，Ⅴ）生成橘黄色 Sb_2S_3 沉淀，

SnS_2 为黄色沉淀，HgS 为黑色沉淀。反应如下：

$$H_3AsO_4 + H_2S === H_3AsO_3 + S\downarrow + H_2O$$

$$2H_3AsO_3 + 3H_2S === As_2S_3\downarrow + 6H_2O$$

$$H_3SbO_4 + H_2S === H_3SbO_3 + S\downarrow + H_2O$$

$$2H_3SbO_3 + 3H_2S === Sb_2S_3\downarrow + 6H_2O$$

$$SnCl_6^{2-} + 2H_2S === SnS_2\downarrow + 4H^+ + 6Cl^-$$

$$SnCl_4^{2-} + H_2S === SnS\downarrow + 2H^+ + 4Cl^-$$

$$Hg^{2+} + H_2S === HgS\downarrow + 2H^+$$

这些硫化物均溶于 NaOH-TAA 或 Na_2S 溶液中，生成硫代酸盐溶液：

$$HgS + S^{2-} === HgS_2^{2-}$$

$$As_2S_3 + 3S^{2-} === 2AsS_3^{3-}$$

$$Sb_2S_3 + 3S^{2-} === 2SbS_3^{3-}$$

$$SnS_2 + S^{2-} === SnS_3^{2-}$$

上述硫代酸盐在 $3\ mol \cdot L^{-1}$ HCl 溶液中会生成相应的硫化物沉淀：

$$HgS_2^{2-} + 2H^+ === HgS\downarrow + H_2S\uparrow$$

$$2AsS_3^{3-} + 6H^+ === As_2S_3\downarrow + 3H_2S\uparrow$$

$$2SbS_3^{3-} + 6H^+ === Sb_2S_3\downarrow + 3H_2S\uparrow$$

$$SnS_3^{2-} + 2H^+ === SnS_2\downarrow + H_2S\uparrow$$

其中 Sb_2S_3，SnS_2 在 $8\ mol \cdot L^{-1}$ HCl 溶液中会溶解，生成 $SbCl_6^{3-}$，$SnCl_6^{2-}$：

$$Sb_2S_3 + 6H^+ + 12Cl^- === 2SbCl_6^{3-} + 3H_2S\uparrow$$

$$SnS_2 + 4H^+ + 6Cl^- === SnCl_6^{2-} + 2H_2S\uparrow$$

据此可将 Sb(Ⅲ)，Sn(Ⅳ) 与 Hg^{2+}，As(Ⅲ) 分开。

As_2S_3 沉淀溶于 $(NH_4)_2CO_3$ 溶液：

$$As_2S_3 + 3CO_3^{2-} + 3H_2O === H_3AsO_3 + AsS_3^{3-} + 3HCO_3^-$$

据此可将 Hg^{2+} 与 As(Ⅲ) 分开。

二、铜锡组混合物的分析

1. 铜锡组的沉淀

（1）将试液调至中性，取 Pb^{2+}，Bi^{3+}，Cu^{2+}，Cd^{2+}，Hg^{2+}，Sn(Ⅱ，Ⅳ)，Sb(Ⅲ，Ⅴ)，As(Ⅲ，Ⅴ) 试液各 4 滴混合。此时溶液应为酸性，因为 Bi^{3+}，As(Ⅲ，Ⅴ)，Sb(Ⅲ，Ⅴ)，Sn(Ⅱ，Ⅳ) 离子的试液中已加入了足够量的酸。在未知物分析中，此时溶液中有过量的 HCl，也是酸性的。向此酸性溶液加 $6\ mol \cdot L^{-1}$ 氨水至刚呈碱性，再以 $3\ mol \cdot L^{-1}$ HCl 中和至恰变酸性。此时的溶液可认为是近中性的。这时如有白色沉淀生成，系 Bi，Sb，Sn 等离子的水解产物，不妨碍分析，它们以后会转化为硫化物沉淀。

（2）调至 $0.6\ mol \cdot L^{-1}$ HCl 酸性：为了更有利于 As_2S_3 沉淀完全，首先将试液调至 $0.6\ mol \cdot L^{-1}$ HCl 酸性。为此，在白色点滴板的凹槽中，取 $0.6\ mol \cdot L^{-1}$ HCl 标准溶液 1 滴，加 $1\ g \cdot L^{-1}$ 甲基橙指示剂 1 滴搅拌，应呈黄绿色。此时以稀 HCl 和稀 $NH_3 \cdot H_2O$ 调节操作（1）试液的酸度，然后取 1 滴于点滴板上，加指示剂 1 滴搅拌，与标准色比较，至相同为止。

溶液酸度与指示剂颜色的关系见表 3-1。

表 3-1　溶液酸度与指示剂的颜色

$c_{HCl}/(mol \cdot L^{-1})$	1.0	0.60	0.33	0.25	0.10	0.0
pH	0.0	0.22	0.52	0.60	1.0	7.0
$1.0\ g \cdot L^{-1}$ 甲基橙的颜色	黄	黄绿	墨绿	蓝绿	蓝紫	紫色

（3）加硫代乙酰胺（TAA）：在已调至 $0.6\ mol \cdot L^{-1}$ HCl 酸性的试液中加 TAA 溶液 10～15 滴，搅拌后放在水浴上加热 10 min。离心沉降，保留沉淀，离心液按下述步骤处理。

（4）试液的稀释：为使 CdS，PbS 等较难沉淀的硫化物完全沉出，试液须稀释一倍，以降低酸度。此时的酸度应接近于 $0.2\ mol \cdot L^{-1}$。所得沉淀经离心后与以前得到的沉淀合并，按步骤（5）处理。在系统分析中，离心液按第Ⅲ组阳离子研究。本实验中弃去。

（5）沉淀的洗涤：将所得两份沉淀合并后，以含 NH_4Cl 的水洗涤，按 2 研究。

2.铜组与锡组的分离

在铜锡组沉淀上加 TAA-碱溶液（$50\ g \cdot L^{-1}$ TAA 溶液与 $6\ mol \cdot L^{-1}$ NaOH 溶液按 1：3 混合而成）6～8 滴，搅拌，加热 10 min，边加热边搅拌，以加速溶解。离心沉降后，吸出清液，残渣再以 TAA-碱溶液处理一次，两次的清液合并，按 8 研究。沉淀以含 NH_4NO_3 或 NH_4Cl 的水洗涤 2 次，然后按 3 研究。

3.铜组沉淀的溶解

在 2 所得沉淀上加 5～8 滴 $3\ mol \cdot L^{-1}$ HNO_3 和少许 $KClO_3$，加热，搅拌。沉淀溶解时应有硫析出，并且其表面可能因吸附某些硫化物沉淀而呈黑色。离心沉降，离心液按 4 研究。

4.镉的分离与鉴定

取由 3 所得离心液，加入甘油溶液（1：1）5～6 滴，然后滴加 $6\ mol \cdot L^{-1}$ NaOH 至 $Cd(OH)_2$ 沉淀完全，充分搅拌，加热 1 min，离心沉降，离心液按 5～7 研究。沉淀以稀的甘油-碱溶液（以 6 滴 NaOH、4 滴 1：1 甘油、10 滴水配成）洗净后,以 3 mol·L^{-1} HCl 数滴溶解,然后重新加入甘油溶液和碱溶液,使 Cd(OH)$_2$ 再次沉出。离心沉降,沉淀用 3 滴 3 mol·L^{-1} HCl 溶解,加 4 滴 3 mol·L^{-1} NaAc 降低酸度,然后加 TAA 数滴并加热,如有黄色至橙黄色沉淀生成,表示有镉。

5. 铜的鉴定

如 4 所得离心液显蓝色,已表示铜存在。如颜色不明显或无色,可在点滴板上取 1 滴离心液,以浓 HAc 酸化,加 1 滴 0.1 mol·L^{-1} K$_4$Fe(CN)$_6$,如有红棕色Cu$_2$Fe(CN)$_6$沉淀生成,表示有铜。

6. 铅的鉴定

取 4 得到的离心液 1 滴于表面皿(或黑色点滴板)上,以 1~2 滴 6 mol·L^{-1} HAc 酸化,加 1 滴 0.25 mol·L^{-1} K$_2$CrO$_4$,生成黄色 PbCrO$_4$ 沉淀并溶于 6 mol·L^{-1} NaOH,表示有铅。

7. 铋的鉴定

取 2 滴 0.1 mol·L^{-1} SnCl$_2$于点滴板上,加 3~5 滴 6 mol·L^{-1} NaOH,搅拌,使生成Na$_2$SnO$_2$。然后在所得溶液中,逐滴加入由 4 得到的离心液。黑色金属铋的出现,表示有铋。

铜组的分析步骤见图 3-2。

8. 锡组的沉淀

向由 2 得到的锡组硫代酸盐溶液中,逐滴加入 3 mol·L^{-1} HCl,同时搅拌,至溶液呈酸性为止,加热数分钟,离心沉降,离心液上再加 1 滴 3 mol·L^{-1} HCl,检查沉淀是否完全。沉淀完全后,吸出离心液弃去,沉淀以含 NH$_4$Cl 的水洗涤,按 9 研究。如沉淀仅呈乳白色,是反应中析出的硫,表示锡组不存在。

9. 汞、砷与锑、锡的分离

在 8 得到的沉淀上加 6~8 滴 8 mol·L^{-1} HCl,加热 3~5 min,不时搅拌。离心沉降,沉淀以含 NH$_4$Cl 的水洗涤后按 10 研究,离心液按 13,14 研究。

10. 汞与砷的分离

在 9 的沉淀上加 5~7 滴 120 g·L^{-1}(NH$_4$)$_2$CO$_3$,微热,搅拌 1 min,离心沉降。沉淀以含 NH$_4$Cl 的水洗涤,按 11 研究;离心液按 12 研究。

11. 汞的鉴定

在 10 的沉淀上加 4 滴浓 HCl 和 1 滴浓 HNO$_3$,加热数分钟,至将干(勿干!),以除去过量王水。然后加几滴水,吸取澄清溶液,滴加 0.25 mol·L^{-1} SnCl$_2$。如生成由白变灰黑的沉淀(Hg$_2$Cl$_2$＋Hg),表示有汞。

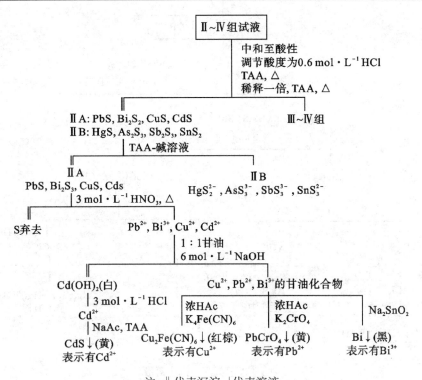

注：‖代表沉淀；⏐代表溶液

图 3-2　铜组离子的分析步骤

12. 砷的鉴定

取 10 的离心液，小心地滴加 3 mol·L^{-1} HCl 至呈酸性，生成黄色 As$_2$S$_3$ 沉淀，表示有砷。

13. 锡的鉴定

取 9 得到的离心液 1/2 于离心管中，加 1 滴浓 HCl 及洁净的铁丝（或镁片、铝片），加热 5 min，在所得清液中加 1 滴 0.1 mol·L^{-1} HgCl$_2$，生成白色、灰色或黑色沉淀 Hg$_2$Cl$_2$＋Hg，表示有锡。

14. 锑的鉴定

取 9 的离心液 1 滴于一小块锡箔（或一颗锡粒）上，如锡箔上有黑色斑点生成（或 Sn 粒变黑），用水仔细洗净（务必洗去全部 HCl），以 1 滴新配置的 NaBrO（在几滴 Br$_2$ 水中加 6 mol·L^{-1} NaOH 溶液使红棕色褪去或呈淡色即可）处理，斑点不消失（金属 Sb），表示有锑。

锡组的分析步骤见图 3-3。

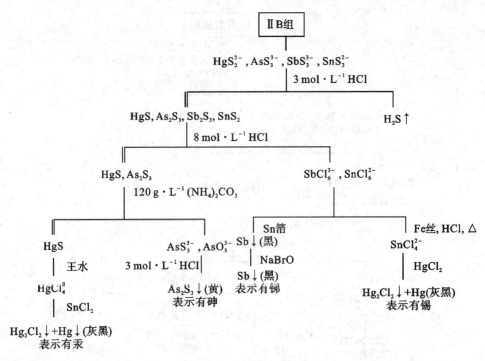

注：‖代表沉淀；|代表溶液

图 3-3 锡组离子分析步骤

三、思考题

(1)为沉淀第Ⅱ组阳离子,调节酸度时①HNO_3 代替 HCl；②以 H_2SO_4 代替 HCl；③以 HAc 代替 HCl 将发生何种问题？

(2)在本实验中为沉淀硫化物而调节酸度时,为什么先调至 $0.6\ mol \cdot L^{-1}$ HCl 酸度,然后再稀释一倍,使最后的酸度约为 $0.2\ mol \cdot L^{-1}$？

(3)以 TAA 代替 H_2S 作为第Ⅱ组组试剂时,为什么可以不加 H_2O_2 和NH_4I？

(4)已知某未知试液不含第Ⅲ组阳离子,在沉淀第Ⅱ组硫化物时是否还要调节酸度？

(5)为什么 Hg^{2+} 的鉴定反应中,沉淀有时是白色的,有时是灰色的,而有时又是黑色的？

(6)为防止 $SnCl_2$ 试剂失效,常加入锡粒,为什么？

(7)设原试液中砷、锑、锡高低价态的离子均存在,试说明它们在整个系统分析过程中价态的变化。

实验 3　阳离子第Ⅲ组(铁组)——Al^{3+},Cr^{3+},Fe^{3+}, Fe^{2+},Mn^{2+},Zn^{2+},Co^{2+},Ni^{2+} 的分析

一、铁组离子的分析

本组离子只能在 NH_3-NH_4Cl 的存在下与$(NH_4)_2S$或硫代乙酰胺(TAA)生成硫化物或氢氧化物沉淀。

在氨性介质中(pH=8~9),加入 TAA,加热,Al^{3+} 和 Cr^{3+} 会生成白色的 $Al(OH)_3$ 和灰绿色 $Cr(OH)_3$ 沉淀;Zn^{2+} 生成白色的 ZnS 沉淀;Mn^{2+} 生成浅红色的 MnS 沉淀;Co^{2+},Ni^{2+},Fe^{3+},Fe^{2+} 分别生成黑色的 CoS,NiS,FeS,Fe_2S_3 沉淀。本组离子的氢氧化物和硫化物沉淀均可溶于 HNO_3。

二、铁组离子的鉴定反应

1. Fe^{2+} 的鉴定

(1)$K_3Fe(CN)_6$ 试法:取试液 1 滴于点滴板上,加 3 mol·L^{-1} HCl 溶液 1 滴、0.3 mol·L^{-1} $K_3Fe(CN)_6$ 溶液 1 滴,生成深蓝色 $KFe[Fe(CN)_6]$ 沉淀,表示有 Fe^{2+}。

(2)邻二氮菲试法:在点滴板上放 1 滴试液,加 3 mol·L^{-1} HCl 溶液 1 滴、邻二氮菲试剂 1 滴,溶液如显红色,表示有 Fe^{2+} 存在。

2. Fe^{3+} 的鉴定

(1)NH_4SCN 试法:在点滴板上放试液 1 滴,加 NH_4SCN 溶液 1 滴,0.1 mol·L^{-1} HCl 溶液 1 滴,溶液显红色,示有 Fe^{3+}。同时做空白试验 1 份,以资对比。

(2)$K_4Fe(CN)_6$ 试法:在点滴板上放试液 1 滴,加 3 mol·L^{-1} HCl 溶液 1 滴、0.3 mol·L^{-1} $K_4Fe(CN)_6$ 溶液 1 滴,如生成深蓝色 $KFe[Fe(CN)_6]$ 沉淀,表示有 Fe^{3+}。

3. Mn^{2+} 的鉴定

在点滴板上放试液 1 滴,加 6 mol·L^{-1} HNO_3 溶液 1 滴、$NaBiO_3$ 粉末少许,搅拌,如溶液呈紫红色,表示有 Mn^{2+}。

4. Cr^{3+} 的鉴定

取含 Cr^{3+} 试液 2 滴于离心管中,加 6 mol·L^{-1} NaOH 溶液 2 滴,30 g·L^{-1} H_2O_2 2 滴,煮沸除去过量的 H_2O_2,溶液变为 CrO_4^{2-} 的黄色,初步表示有 Cr^{3+}。

取上面制得的 CrO_4^{2-} 溶液 2 滴于另一支离心管中,加戊醇数滴、6 mol·L^{-1} HNO_3 溶液 2 滴、H_2O_2 溶液 2 滴,振荡,戊醇层显蓝色,表示有 Cr^{3+}。

5. Ni^{2+} 的鉴定

在滤纸上放 1 滴浓 $(NH_4)_2HPO_4$ 溶液,加试液 1 滴,在湿斑点的边缘处加丁二酮肟试剂 1 滴,然后在氨气上熏,斑点外缘变红,表示有 Ni^{2+}。

另取 Fe^{2+} 同法操作,观察其干扰情况。在混合离子分析中,若有 Fe^{2+} 存在时,可事先在酸性试液中加 $1\sim2$ 滴 H_2O_2,加热沸腾,除去过量的 H_2O_2,然后按上法处理。

6. Co^{2+} 的鉴定

取试液 1 滴放在点滴板上,加一小块 NH_4SCN 晶体和戊醇(或丙酮)1 滴,如有红色或棕色出现,加 1 滴 $0.25\ mol \cdot L^{-1}SnCl_2$ 溶液显蓝色或绿色,表示有 Co^{2+}。

7. Zn^{2+} 的鉴定

在点滴板上,放 $(NH_4)_2Hg(SCN)_4$ 试剂 1 滴和 $0.2\ g \cdot L^{-1}CoCl_2$ 1 滴,搅拌,并无沉淀生成。此时加入试液 1 滴,如迅速(半分钟)生成天蓝色沉淀,表示有 Zn^{2+}。

另取 Zn^{2+} 3 滴,Fe^{3+},Cu^{2+},Cd^{2+},Co^{2+} 等试液各 1 滴混合,加过量 $6\ mol \cdot L^{-1}\ NaOH$,至沉淀完全。吸取离心液 (ZnO_2^{2-}),以 $6\ mol \cdot L^{-1}\ HCl$ 酸化,加 1 滴 $3\ mol \cdot L^{-1}NH_4F$(掩蔽因微溶于 $NaOH$ 而未分离完全的 Fe^{3+}),按上法鉴定 Zn^{2+}。若所得沉淀带有紫色,表示有微量 Cu^{2+} 未分离完全,对鉴定无影响。

8. Al^{3+} 的鉴定

在离心管中取试液 $2\sim3$ 滴,以 $3\ mol \cdot L^{-1}\ HAc$ 酸化,加铝试剂 2 滴,再加 $6\ mol \cdot L^{-1}$ 氨水水化为氨性,在水浴上加热,如生成红色絮状沉淀,表示有 Al^{3+}。

在作混合离子未知试液分析时,为了排除干扰,须取试液 $5\sim6$ 滴,加 $6\ mol \cdot L^{-1}\ KOH$ 及 $1:10\ H_2O_2$ 各 4 滴,搅拌,加热,离心沉降。离心液转移至另一离心管中,以 $6\ mol \cdot L^{-1}\ HAc$ 中和至酸性,然后再按上法鉴定 Al^{3+}。

三、铁组混合物的分析

1. 铁组的沉淀

取本组阳离子试液各 4 滴,混合成分析试液。向此试液中加 NH_4Cl $6\sim8$ 滴,再以 $6\ mol \cdot L^{-1}$ 氨水(氨水在放置时可能吸附空气中的 CO_2,因而含有 CO_3^{2-},它能使第Ⅳ组的 Ba^{2+} 等离子沉出,这样的氨水应避免使用)转化为氨性。加 $1\ mol \cdot L^{-1}TAA$ $8\sim10$ 滴,加热 10 min。离心沉降后,在上部清液中再加 2 滴 TAA,加热,证实沉淀确已完全。离心分离后,沉淀以含 NH_4NO_3 的热水洗 3 ~4 次,然后按 2 处理。

在系统分析中,离心液含有钙钠组阳离子,应保留备用,但必须立即加浓 HAc 酸化,在杓皿或微坩埚中蒸发至将干,然后补充 1 mL 水,离心沉降,除去单质硫,吸取离心液,保留作钙钠组阳离子分析用。

2.铁组沉淀的溶解

在沉淀上加 6 mol·L^{-1} HNO$_3$ 4～5 滴,加热 2～3 min。为加速沉淀溶解,可加 NaNO$_2$ 或 KClO$_3$ 晶体数粒,继续加热。沉淀溶解后,剩有胶状的硫,有时它由于包藏痕量硫化物而显灰色,但不妨碍分析。

离心沉降,弃去不溶物,离心液按 3 研究。

3.铁组离子的分别鉴定

本组离子因相互干扰较少,鉴定反应的选择性较高,因此一般不进行组分的分离,而直接用分别分析的方法鉴定各离子。

四、思考题

(1)在系统分析中,沉淀本组离子时可否用 Na$_2$S 代替(NH$_4$)$_2$S?

(2)用(NH$_4$)$_2$S 或 TAA 沉淀本组离子为什么要加足够的 NH$_4$Cl?

(3)本组阳离子氢氧化物中哪些具有两性,它们在分离和鉴定上各有何意义?

(4)在系统分析中,本组硫化物沉淀生成后,与母液放置过夜才离心沉降,是否可以?

(5)以 6 mol·L^{-1} HNO$_3$ 溶解本组沉淀时,为什么加 KNO$_2$ 或 KClO$_3$ 晶粒少许可以加速溶解?

(6)已知 NiS,CoS 在 0.3 mol·L^{-1} HCl 溶液中不能被 H$_2$S 沉淀,但为什么生成的 NiS,CoS 又难溶于 1 mol·L^{-1} HCl?

实验 4　阳离子钙钠组——Ba^{2+},Ca^{2+},Mg^{2+},K$^+$,Na$^+$,NH$_4^+$ 的分析

钙钠组包括 Ba^{2+},Ca^{2+},Mg^{2+},K$^+$,Na$^+$ 和 NH$_4^+$ 6 种离子。本组离子均无色,除了 NH$_4^+$ 外都属于周期表中第Ⅰ,Ⅱ主族。

一、钙钠组离子的鉴定反应

1.Ba^{2+} 的鉴定

(1)玫瑰红酸钠试法:取 Ba^{2+} 的中性或微酸性试液 1 滴于滤纸上,加新配制的玫瑰红酸钠 1 滴,如出现红紫色斑点,加 0.5 mol·L^{-1} HCl 后转为桃红色,表示有 Ba^{2+}。

在分析混合离子试液时,为消除干扰离子,可将试液转为氨性,以 Zn 粉除去。Fe^{3+} 的干扰可加 NH_4F 掩蔽。

(2)K_2CrO_4 试法:取 Ba^{2+} 试液 1 滴于黑色点滴板上,以 1 滴 6 mol·L^{-1} HAc 酸化,加 1 滴 3 mol·L^{-1} NaAc 和 1 滴 0.25 mol·L^{-1} K_2CrO_4,如生成黄色结晶形 $BaCrO_4$ 沉淀,表示有 Ba^{2+}。

以铂丝蘸取沉淀及浓 HCl,在无色火焰上灼烧,火焰显黄绿色,可进一步证实 Ba^{2+} 的存在。

2.Ca^{2+} 的鉴定

在离心管中滴入试液数滴,加 0.5 mol·L^{-1} $(NH_4)_2C_2O_4$ 溶液 2～3 滴,如生成白色 CaC_2O_4 沉淀,示有 Ca^{2+}。以铂丝蘸取 CaC_2O_4 及浓 HCl,焰色反应为砖红色,可进一步证实 Ca^{2+} 的存在。

3.NH_4^+ 的鉴定

在气室(由两块表面皿合成)中,放试液少许于下部表面皿,上部表面皿贴以湿润的红色石蕊试纸(或滴加奈氏试剂的试纸)。然后在试液上加浓 NaOH,于水浴上加热,注意勿使气室内液体沸腾,以免把碱液溅到试纸上。若石蕊试纸变蓝(奈氏试剂斑点变棕色时),表示有 NH_4^+。

4.K^+ 的鉴定

(1)$Na_3Co(NO_2)_6$ 试法:于点滴板上放试液 1 滴,以 6 mol·L^{-1} HAc 酸化,加 1 滴 0.1 mol·L^{-1} $Na_3Co(NO_2)_6$ 试剂,搅拌,如有黄色 $K_2NaCo(NO_2)_6$ 沉淀生成,表示有 K^+ 存在。

在混合离子试液分析中,如原试液中有 NH_4^+ 及其他干扰离子,则须先取试液于坩埚中,加热蒸发至干,然后灼烧至不冒白烟(NH_4NO_3 除外)以除去铵盐,并使其他干扰物质变为不溶氧化物,加水数滴煮沸,离心沉降。吸取部分离心液,检查 NH_4^+ 是否已完全除净。如已除净,则按上法鉴定。

(2)四苯硼化钠试法:取试液 1 滴于黑色点滴板上,加 0.1 mol·L^{-1} 四苯硼化钠 2 滴,如生成白色沉淀,表示有 K^+。

NH_4^+ 存在时用灼烧法除去,其他重金属离子的干扰可在 pH≈5 时加 EDTA 掩蔽。Ag^+ 的干扰加 HCl 析出或 NaCN 掩蔽。

5.Na^+ 的鉴定

在离心管中加入试液 1 滴,加 1 滴 6 mol·L^{-1} HAc,8 滴醋酸铀酰锌试剂(10 g $UO_2(AC)_2$·$2H_2O$ 溶于 5 mL 冰醋酸及 20 mL 水的混合液中,稀释至 50 mL(溶液 a);30 g $Zn(AC)_2$·$2H_2O$ 溶于 5 mL 冰醋酸及 20 mL 水中,稀释至 50 mL(溶液 b)。将溶液 a 与溶液 b 混合,加 0.5 g NaCl,放置 24 h 后把析出的沉淀过滤除去即可),用玻璃棒摩擦器壁。如生成柠檬黄色 $NaAc·Zn(Ac)_2·$

$3UO_2(Ac)_2 \cdot 9H_2O$ 沉淀,表示有 Na^+ 。

在系统分析中,若有大量干扰离子存在时,可取原试液加饱和 $Ba(OH)_2$ 至呈碱性,然后加 $(NH_4)_2CO_3$,离心沉降,离心液在杓皿或坩埚中灼烧除去铵盐,并使其他干扰物质变为不溶氧化物,残渣以水煮沸,吸出后离心沉降,取离心液按上述方法进行鉴定。

6. Mg^{2+} 的鉴定

取 Mg^{2+} 试液 1 滴于点滴板上,加 1 滴 $6 \ mol \cdot L^{-1}$ NaOH ,1 滴镁试剂（0.001 g 镁试剂溶于 $100 \ mL \ 2 \ mol \cdot L^{-1}$ NaOH 溶液中）,如出现天蓝色沉淀,表示有 Mg^{2+} 。

在系统分析中,若有大量干扰离子存在时,可取原试液 4~5 滴,加 Zn 粉少许共热,离心分离后,在离心液中加 NH_3 至呈氨性,然后加 2 滴 $3 \ mol \cdot L^{-1}$ NH_4Cl ,以 pH 试纸检查,pH 应调至 9~10 之间,滴加 5~8 滴 $1 \ mol \cdot L^{-1}$ TAA,加热 10 min,离心沉降。取 1 滴离心液于点滴板上,加 1 滴 $6 \ mol \cdot L^{-1}$ NaOH,搅拌,尽量使 NH_3 逸出,然后加镁试剂 1 滴,如出现天蓝色沉淀,表示有 Mg^{2+} 。

二、钙钠组混合物的分析

在讨论第Ⅲ组分析时已经提到,将第Ⅲ组阳离子以 TAA 沉出后,应立即处理可能含有本组的溶液。方法是向溶液中加入 HAc 使之酸化,在坩埚或杓皿中蒸发除去 H_2S 。如当时不准备立即进行本组离子的分析,可将溶液蒸发至一半,离心沉降后,吸取离心液保存。用时取离心液继续蒸发至干,灼烧除去铵盐,冷却,加 2 滴浓 HCl 和 10 滴水。搅拌,移入离心管中。另以 10 滴清水洗蒸发容器,洗液与离心管中的溶液合并。如果溶液不清,可离心沉降,吸取清液进行单个离子的分别鉴定研究。

三、思考题

(1)在系统分析中,分出第Ⅲ组阳离子后为什么要立即处理含有钙钠组阳离子的试液？怎样处理？

(2)在系统分析中,引起第Ⅳ组中二价离子失去的可能原因有哪些？

(3)以 K_2CrO_4 试法鉴定 Ba^{2+} 时,为什么要加 HAc 和 NaAc？

(4)用 $Na_3[Co(NO_2)_6]$ 试剂鉴定 K^+ 时,如果发生下列错误,其原因可能是什么？

1)试样中无 K^+ ,却鉴定有 K^+ ；

2)试样中有 K^+ ,却鉴定无 K^+ 。

(5)以镁试剂鉴定 Mg^{2+} 时,在以 $(NH_4)_2S$ 消除干扰离子的手续中,如果加得不足,将产生什么后果?

实验5　未知阳离子混合溶液的定性分析

领取 5 mL 含有第Ⅰ～Ⅲ组及钙钠组阳离子的未知混合溶液,取其 1 mL 进行分析,报告所鉴定的离子种类。

实验6　常见阴离子的分析

一、阴离子的分组

根据阴离子与稀 HCl,BaCl$_2$,CaCl$_2$ 溶液和稀 HNO$_3$ 酸化的 AgNO$_3$ 溶液的作用,可将常见的阴离子分为四组。但分析阴离子时,并不用上述组试剂将各组分离,只是用来初步检查某组离子是否存在。

第一组阴离子:CO$_3^{2-}$,SO$_3^{2-}$,S$_2$O$_3^{2-}$,S^{2-},NO$_2^-$,CN$^-$。这些离子可以被组试剂稀 HCl 分解产生气体。

第二组阴离子:SO$_4^{2-}$,PO$_4^{3-}$,BO$_2^-$,SiO$_3^{2-}$,F$^-$,C$_2$O$_4^{2-}$,AsO$_3^{3-}$。它们的钡盐和钙盐不溶于水,但易溶于稀酸(BaSO$_4$ 和 CaF$_2$ 除外)。它们的银盐也不溶于水(Ag$_2$SO$_4$ 和 AgF 除外),而易溶于稀 HNO$_3$ 中。

第三组阴离子:Cl$^-$,Br$^-$,I$^-$,SCN$^-$。它们的银盐不溶于水,也不溶于稀 HNO$_3$。

第四组阴离子:NO$_3^-$,CH$_3$COO$^-$(即 Ac$^-$)。

二、阴离子分析溶液的制备

取 5 mL 左右试液或 0.1～0.2 g 研细的固体样品于小烧杯中,加入 4～5 mL 1 mol · L^{-1} Na$_2$CO$_3$ 溶液,煮沸 5～8 min(蒸发去的水分应补充),然后全部转移到离心管中离心。离心液作鉴定阴离子用。

沉淀用水洗三次,然后加 6 mol · L^{-1} HCl 处理,如沉淀没有完全溶解,表示其中不存在 PO$_4^{3-}$,F$^-$,SO$_4^{2-}$,S^{2-},SiO$_3^{2-}$ 和卤素化合物。若沉淀完全溶解,则保留此残渣供分析上述阴离子用。

经过上述方法制备的溶液用于阴离子的分析。

三、初步试验

1. 与 H$_2$SO$_4$ 的反应

(1)于离心管中加入 2 滴试液,再加 3～4 滴浓 H$_2$SO$_4$,加热,观察放出气体的气味和颜色,判断哪些阴离子可能存在。

（2）用 3 mol·L^{-1} H$_2$SO$_4$ 溶液酸化试液，如溶液呈黄褐色，表示 I$^-$ 和某种氧化性阴离子可能存在。如出现白色混浊或析出 S，可能是 S^{2-} 被氧化、S$_2$O$_3^{2-}$ 分解或 SO$_3^{2-}$ 与 S^{2-} 作用的结果。

2. 还原性阴离子存在的试验

（1）取 6～8 滴试液于离心管中，加 3 mol·L^{-1} H$_2$SO$_4$ 数滴分解过量的 Na$_2$CO$_3$（溶液仍为弱碱性）。取该溶液 4 滴，逐滴加入 0.02 mol·L^{-1} KMnO$_4$ 溶液，如有褐色 MnO(OH)$_2$ 沉淀生成，表示溶液中有除 Cl$^-$，Br$^-$ 以外的还原剂存在。如无 MnO(OH)$_2$ 沉淀生成，在剩余试液中加入约 1/4 试液体积的浓 H$_2$SO$_4$，再向此热溶液中逐滴滴入 KMnO$_4$ 溶液，如有 Cl$^-$，Br$^-$ 存在，则 KMnO$_4$ 褪色。

（2）取数滴试液，加 3 mol·L^{-1} H$_2$SO$_4$ 使之呈酸性，再加 1 滴 I$_2$ 溶液，如 I$_2$ 液褪色，可能有 S^{2-}，SO$_3^{2-}$，S$_2$O$_3^{2-}$ 等存在。

3. 氧化性阴离子存在的试验

（1）取 4 滴试液，加 3 mol·L^{-1} H$_2$SO$_4$ 使之呈酸性，加 1 滴 KI 溶液，摇匀，如析出 I$_2$ 可能有 AsO$_4^{3-}$，NO$_2^-$ 等离子存在，或有 ClO$^-$，ClO$_3^-$，BrO$_3^-$，IO$_3^-$，[Fe(CN)$_6$]$^{3-}$，S$_2$O$_8^{2-}$ 等氧化性阴离子存在。注意，NO$_3^-$ 浓度较大时也会与 KI 反应。

（2）如无 I$_2$ 析出，在另一离心管中加 3 滴浓 HCl 及靛蓝溶液，使溶液呈浅蓝色，加热近沸，向此溶液中再加数滴试液，如蓝色消失，则试液中有 NO$_3^-$，ClO$_3^-$。

4. 第一组和第二组阴离子存在的试验

取数滴试液，用 6 mol·L^{-1} HCl 酸化，加热使气体逸出，除引入的 CO$_2$ 外，由逸出的气体可判断第一组阴离子是否存在。溶液浑浊时可能有 S$_2$O$_3^{2-}$ 存在，此时加热使硫凝聚。在澄清的溶液中用 2 mol·L^{-1} 氨水中和，并加入 2～3 滴 BaCl$_2$-CaCl$_2$ 溶液，根据有无沉淀生成判断第二组阴离子是否存在。

5. 第三组阴离子存在的试验

取数滴试液，用 6 mol·L^{-1} HNO$_3$ 酸化，在沸水水浴中加热 4～5 min，加 1～2 滴 AgNO$_3$ 溶液，有沉淀析出表示有第三组阴离子存在，根据沉淀颜色可初步判断可能存在的离子。

根据初步试验判断可能存在的阴离子，然后有针对性地对可能存在的离子进行鉴定。

四、常见阴离子的鉴定

1. SO$_4^{2-}$ 的鉴定

取 3 滴 SO$_4^{2-}$ 试液于离心管中，滴加 2～3 滴 2 mol·L^{-1} HCl 酸化，再加 3 滴 0.25 mol·L^{-1} BaCl$_2$，如生成白色沉淀，表示有 SO$_4^{2-}$。

2. CO_3^{2-} 的鉴定

取 5~6 滴试液于验气装置中,在玻璃泡上悬挂 1 滴饱和 $Ca(OH)_2$ 溶液,立即向试管中加 5~6 滴 6 mol·L^{-1} HCl,迅速塞好管口,注意勿使玻璃泡与试管壁接触以及液滴掉落。如试液中产生大量气泡,玻璃泡上的溶液变浑,表示有 CO_3^{2-}。

3. PO_4^{3-} 的鉴定

取 3 滴试液于离心管中,加 1 滴浓 HNO_3 和 8 滴 0.15 mol·L^{-1} 钼酸铵试剂,微热 40℃~50℃,如生成黄色晶形沉淀,表示有 PO_4^{3-},再加几滴 $SnCl_2$ 试剂,溶液变为蓝色。

4. Cl^- 的鉴定

取 4 滴试液于离心管中,以 2 mol·L^{-1} HNO_3 酸化,再加 2 滴 0.1 mol·L^{-1} $AgNO_3$ 溶液,产生白色沉淀。继续滴加 $AgNO_3$ 至沉淀完全,将离心管置于水浴上微热,离心分离,弃去清液,沉淀用热水洗两次后,再加入 10 滴 12% $(NH_4)_2CO_3$,加热搅拌,沉淀减少或全部溶解。最后用 6 mol·L^{-1} HNO_3 酸化,又出现白色沉淀,表示有 Cl^-。

5. I^- 的鉴定

取 1 滴试液于点滴板上,用 2 mol·L^{-1} HAc 酸化,加 0.5% 沉淀液和 10% $NaNO_2$ 各 1 滴,如出现蓝色,表示有 I^-。

6. S^{2-} 的鉴定

(1)亚硝酰铁氰化钠法:取 1 滴试液于点滴板上,加 1 滴 2 mol·L^{-1} NaOH 碱化,再加 1 滴 1% $Na_2[Fe(CN)_5NO]$,如出现紫红色,表示有 S^{2-}。

(2)醋酸铅法:取 3 滴试液于离心管中,加入 3 滴 2 mol·L^{-1} HCl,立即将湿润的 $Pb(Ac)_2$ 如试纸放在管口,如试纸变为棕黑色,管中生成的气体有腐蛋味,表示有 S^{2-}。

7. NO_2^- 的鉴定

取 1 滴试液于点滴板上,加 1 滴 2 mol·L^{-1} HAc 酸化,依次加入对氨基苯磺酸和 α-萘胺各 1 滴,如立即出现红色,表示有 NO_2^-。

8. NO_3^- 的鉴定

(1)棕色环法:取 1 滴试液于点滴板上,加 1 粒 $FeSO_4$,沿凹坑壁加入 1 滴浓 H_2SO_4。若沿 $FeSO_4$ 晶体出现棕色环,表示有 NO_3^-。

NO_2^- 有类似反应,应事先除去。

(2)还原为 NO_2^- 法:取 1 滴试液于点滴板上,加 1~2 滴 6 mol·L^{-1} HAc 及少许锌粉,稍停片刻,依次加入对氨基苯磺酸及 α-萘胺各 1 滴,如出现红色,表示有 NO_3^-。

在检出 NO_3^- 前,必须检验出是否有 NO_2^- 存在,如有,应先除去。

五、设计分析方案,鉴定未知阴离子,并报告鉴定结果

1. SO_4^{2-},PO_4^{3-},I^-,CO_3^{2-}

2. S^{2-},SO_3^{2-},$S_2O_3^{2-}$,CO_3^{2-}

3. Cl^-,Br^-,I^-

六、思考题

(1)怎样进行下列鉴定:①Cl^- 和 S^{2-} 共存;②SO_4^{2-} 和 Cl^- 共存;③I^- 和 Cl^- 共存;④NO_2^- 和 NO_3^- 共存。

(2)如果阴离子试液为强酸性,哪些阴离子不可能存在?

(3)一白色固体不溶于水,用 HCl 溶解时,不产生气泡。如已检出 Ba^{2+},则哪些阴离子可能存在?

第4章　滴定分析实验仪器和基本操作

4.1　定量分析化学实验概论

4.1.1　定量分析化学实验过程

定量分析化学实验通常包括取样、试样分解和分析试液的制备、分析方法的选择、测定及分析结果的计算等几个步骤。

(1)取样:根据分析试样是固体、液体或气体,采用不同的取样方法。比较详细的讨论见本章4.2。在取样过程中,最重要的是采取的试样应具有代表性,否则后面的分析结果即使具有很高的准确性也将毫无意义,甚至导致错误的结论。

(2)试样分解和分析试液的制备:根据试样的性质、分析项目和共存物质的不同,分解试样的方法也不同。定量化学分析一般采用湿法分析,通常需将试样分解,使待测组分定量地转入溶液中,防止待测组分损失,避免引入干扰杂质。无机试样的分解方法有溶解法和熔融法;有机试样的分解,一般采用干式灰化法和湿式消化法。具体方法见本章4.2。

(3)分析方法的选择:在选择分析方法时,应根据被测组分的性质、含量高低及对分析结果准确度的要求和实验室的现有条件等,选择适当的分析方法。例如,对于常量成分 Fe^{3+} 的分析,可以采用络合滴定法,也可以采用氧化还原滴定法。对微量成分的 Fe^{3+} 的分析应选用仪器分析法。

(4)分析结果的计算:根据分析过程中有关反应的计量关系及分析测量的数据,计算出试样中待测组分的含量。

4.1.2　溶液浓度的表示方法和分析化学中的计算式

(1)溶液浓度的表示方法:

1)物质的量 n_B:质量 m 除以物质的摩尔质量 M,单位为 mol。

$$n_B = \frac{m}{M} \tag{4-1}$$

2)物质的量浓度 c_B:分析化学中常简称为浓度,其意义是物质的量 n_B 除以溶液的体积 V,单位是 $mol \cdot L^{-1}$。B 是物质的基本单元。

$$c_B = \frac{n_B}{V} \tag{4-2}$$

根据 SI 计量单位的规定,在使用摩尔定义时有一条基本原则,即必须指明物质的基本单元。基本单元可以是原子、分子、离子或它们的特定组合。例如,1 mol CaO,1 mol $\frac{1}{2}$CaO,在这里 CaO,$\frac{1}{2}$CaO 均称为 CaO 的基本单元。

同一物质在用不同基本单元表述时,其摩尔质量 M、物质的量 n、物质的量浓度 c 之间的关系(以 H_2SO_4 为例):

$$M_{\frac{1}{2}H_2SO_4} = \frac{1}{2}M_{H_2SO_4} \tag{4-3}$$

$$n_{\frac{1}{2}H_2SO_4} = 2n_{H_2SO_4} \tag{4-4}$$

$$c_{\frac{1}{2}H_2SO_4} = 2c_{H_2SO_4} \tag{4-5}$$

3)质量 m、摩尔质量 M、物质量 n 和量浓度 c 关系:

将(4-1)式代入(4-2)式得

$$c = \frac{n}{V} = \frac{m}{MV} \tag{4-6}$$

4)物质的质量浓度 ρ:质量 m 除以溶液体积 V,单位为 $g \cdot L^{-1}$,$mg \cdot L^{-1}$ 等。如指示剂浓度为 $2\ g \cdot L^{-1}$ 即 0.2%,在有些教材中仍继续使用。

$$\rho_B = \frac{m}{V} \tag{4-7}$$

5)质量摩尔浓度 b_B:物质的量 n 除以质量 m,单位为 $mol \cdot kg^{-1}$,它多在标准缓冲溶液的配制中使用。

$$b_B = \frac{n}{m} \tag{4-8}$$

对分析化学中习惯使用的如(1+2)HCl 溶液(即 $V_{盐酸} : V_水 = 1:2$)的表示方式,本教材将继续沿用,但不作为一种浓度单位使用。

(2)分析化学中的计算式:

1)用固体物质配制溶液的计算式:由(4-6)式得

$$m = cMV \tag{4-9}$$

单位为 g。欲配制某物质(其摩尔质量为 M)溶液的浓度为 c,需配制体积为 V(以 L 为单位)时,其质量 m 应用(4-4)式即可计算出。

2)滴定分析计算式:对一个化学反应:$aA + bB = cC + dD$,A 物质和 B 物质在反应达到化学计量点时,其间物质的量的关系为

$$n_A = \frac{a}{b}n_B \quad 或 \quad n_B = \frac{b}{a}n_A \tag{4-10}$$

式中,$\dfrac{a}{b}$ 或 $\dfrac{b}{a}$ 称为 A 物质与 B 物质间的化学计量数比。(4-10)式是滴定分析计算的依据。

①两种溶液间的计量关系:例如,用 NaOH 标准溶液滴定 H_2SO_4 溶液时,反应式为

$$2NaOH + H_2SO_4 = Na_2SO_4 + 2H_2O$$

其计量关系:$n_{H_2SO_4} = \dfrac{1}{2} n_{NaOH}$ 即

$$c_{H_2SO_4} V_{H_2SO_4} = \dfrac{1}{2} c_{NaOH} V_{NaOH} \tag{4-11}$$

利用(4-11)式可进行 H_2SO_4 浓度的计算。

②固体物质与溶液间的计量关系:例如,用基准物质 A 标定溶液 B 的浓度时,其计算式为

$$\dfrac{m_A}{M_A} = \dfrac{a}{b} c_B V_B \tag{4-12}$$

利用(4-12)式可方便地计算出待测溶液的浓度或所需基准物质的质量。

例如,用草酸标定约 0.1 mol·L^{-1} NaOH 溶液,欲使滴定消耗 NaOH 溶液 25 mL 左右,则草酸(摩尔质量为 126.07 g·mol^{-1})所需质量约为

$$m = \dfrac{1}{2} \times 0.1 \times 25 \times 10^{-3} \times 126 \approx 0.16 \text{ g}$$

③质量分数计算式:当用物质 B 标准溶液测定物质 A 的含量时,其关系式为

$$w_A = \dfrac{\dfrac{a}{b} c_B V_B M_A}{m_{样}} \tag{4-13}$$

物质 A 的含量,根据 SI 单位是用质量分数 0.××××表示。分析化学中可以乘 100%,用百分数表示。

④滴定度的计算式:用物质 A 的标准溶液滴定物质 B 时,A 物质对 B 物质的滴定度 $T_{A/B}$ 的计算式为

$$T_{A/B} = \dfrac{\dfrac{b}{a} c_A M_B}{1\,000} \tag{4-14}$$

在(4-11)~(4-14)式中,c 为物质的量浓度(单位为 mol·L^{-1});V 为溶液的体积(单位为 L);M 为物质的摩尔质量(单位为 g·mol^{-1});w 为物质的质量分数;T 为滴定度(单位为 g·mL^{-1});$m_{样}$ 为试样的质量(单位为 g)。

4.1.3 溶液的配制

(1)一般溶液的配制方法:式(4-9)$m = cMV$ 是用固体物质配制溶液最基本的公式。摩尔质量 M 与所配溶液浓度 c 的基本单元必须相对应。

例如,当欲配制 500.0 mL $c_{\frac{1}{5}KMnO_4} = 0.100$ mol·L^{-1} 的溶液时,需称取

$KMnO_4$ 的质量为 $m = c_{KMnO_4}VM_{KMnO_4} = \frac{1}{5} \times 0.100 \times 500.0 \times 158.03 \approx 1.58(g)$。

在台秤或分析天平上称出所需量的固体试剂,于烧杯中先用适量水溶解,再稀释至所需的体积。试剂溶解时若有放热现象,可以加热促使其溶解,待冷却后,再转入试剂瓶中或定量转入容量瓶中。配好的溶液,应马上贴好标签,注明溶液的名称、浓度和配制日期。

有一些易水解的盐,配制溶液时,需加入适量酸,再用水或稀酸稀释。有些易被氧化或还原的试剂,常在使用前临时配制,或采取措施防止被氧化或还原。如配制 Sn^{2+},Fe^{2+} 溶液时,为防止其在保存期间失效,应分别在溶液中放入一些锡粒和铁粉。

易侵蚀或腐蚀玻璃的溶液,不能盛放在玻璃瓶内,如氟化物应保存在聚乙烯瓶中,装苛性碱的玻璃瓶应换成橡皮塞,苛性碱最好也盛于聚乙烯瓶中。

配制指示剂溶液时,需称取的指示剂量往往很少,这时可用分析天平称量,但只要读取两位有效数字即可;要根据指示剂的性质,采用合适的溶剂,必要时还要加入适当的稳定剂,并注意其保存期;配好的指示剂一般贮存于棕色瓶中。

配制溶液时,要合理选择试剂的级别,不要超规格使用试剂,以免造成浪费;也不要降低规格使用试剂,以免影响分析结果。经常并大量使用的溶液,可先配制成浓度为使用浓度 10 倍的储备液,需要用时取储备液稀释 10 倍即可。

(2)标准溶液的配制和标定:分析化学试验中常用的标准溶液主要有三类,即滴定分析用标准溶液、仪器分析用标准溶液和 pH 测量用标准缓冲溶液。滴定分析用的标准溶液通常有两种配制方法。

1)直接法:适用于基准物质。用分析天平准确称取一定量的基准物质,溶于适量的水中,再定量转移到容量瓶中,用水稀释至刻度。根据称取试剂的质量和容量瓶的体积,计算它的准确浓度。

基准物质要预先按规定的方法(参阅附录 8)进行干燥。经热烘或灼烧进行干燥的试剂,如果是易吸湿的(如 NaCl,Na_2CO_3 等),在放置一周后使用时应重新进行干燥。

2)标定法:实际上只有少数试剂符合基准试剂的要求,很多试剂不宜用直接法配制标准溶液,而要用间接的方法,即标定法。在这种情况下,先配成接近所需浓度的溶液,然后用基准物质或另一种已知准确浓度的标准溶液来标定它的

准确浓度。

在实际工作中,特别是在工厂实验室里,还常采用"标准试样"来标定标准溶液的浓度。"标准试样"含量是已知的,它的组成与被测物质相近。这样,标定标准溶液浓度与测定被测物质的条件相同,分析过程中的系统误差可以抵消,结果准确度较高。

贮存的标准溶液,由于水分蒸发,水珠凝于瓶壁,使用前应将溶液摇匀。如果溶液浓度有了改变,必须重新标定。对于不稳定的溶液应定期标定。

必须指出,使用不同温度下配制的标准溶液,若从玻璃的膨胀系数考虑,即使温度相差 30℃,造成的误差也不大。但是水的膨胀系数约为玻璃的 10 倍,当使用温度与标定温度相差 10℃以上时,则应注意这个问题。

4.1.4 滴定分析中的指示剂和终点误差

通常将已知准确浓度的试剂溶液(标准溶液)称为"滴定剂"。将滴定剂从滴定管加到被测物质溶液中的过程叫"滴定"。当加入滴定剂与被测物质定量反应完全时,反应即达到了"化学计量点"(stoichiometric point,简称计量点,以 sp 表示)。一般依据指示剂的变色来确定化学计量点,在滴定中指示剂改变颜色的那一点称为"滴定终点"(endpoint,简称终点,以 ep 表示)。在酸碱滴定法、络合滴定法、氧化还原滴定法及沉淀滴定法中有相应的指示剂可供选用。滴定终点与化学计量点不一定恰好相同,由此造成的分析误差称为"终点误差",又称"滴定误差"(titration error,以 Et 表示)。有关滴定分析中的指示剂和终点误差参阅有关的分析化学理论教材和本书的附录部分。

4.2 分析试样的采集、制备及分解

4.2.1 分析试样的采集和制备

分析化学实验的结果能否为质量控制和科学研究提供可靠的分析数据,关键是看所取试样的代表性和分析测定的准确性,这两方面缺一不可。从大量的被测物质中采取能代表整批物质的小样,必须掌握适当的技术,遵守一定的规则,采取合理的采样及制备试样的方法。

(1)气体样品的采集:

1)常压下取样:用一般吸气装置,如吸筒、抽气泵,使盛气瓶产生真空,自由吸入气体试样。

2)气体压力高于常压取样:可用球胆、盛气瓶直接取样。

3)气体压力低于常压取样:先将取样器抽成真空,再用取样管接通进行取样。

（2）液体样品的采取：

1）装在大贮槽里的液体试样，要在贮槽的不同方位和上、中、下不同深度取样，混合后应不少于 500 mL，装于密封的塑料瓶或玻璃瓶中。

2）对分装在罐、瓶、桶小容器里的液体试样，每批按总件数的 5% 件数取样，取样数量不得少于 3 件，取样后混合均匀。在考虑到容器中液体成分不均匀时，应先将每个容器里的液体搅拌混匀后取样。

3）从水管中采取水样，应先放掉管道中积存的静水数分钟，再在水管上套上胶管，另一端插入样瓶底部，让样瓶盛满水溢出一段时间后，塞好瓶塞，以防空气影响水质。

4）从池塘水库中取样，应在背阳的地方，距岸边 1～2 m，离水面 0.5 m 深的地方。

（3）固体样品的采取：

1）粉末或松散的试样，如精矿、石英砂、化工产品等其组成较均匀，可用探料钻插入包内钻取。

2）金属制件样品一般可用钻、刨、切削、击碎等方法，按制件的采样规定采取样品。如无明确规定，则从制件的纵横各部位采取。

3）大块物料如矿石、焦煤、块煤等，不但组分不均匀，而且大小相差很大。所以，采样时应以适当的间距从不同部分采取小样。

平均试样采取量与试样的均匀度、粒度、易破碎度有关。根据经验，可按切乔特公式估算，即 $Q=kd^2$。式中，Q 为采集平均试样的最小质量（kg）；d 为试样中最大颗粒直径（mm）；k 反映物料特性的缩分系数，因物料种类和性质不同而异，它由各部门根据经验拟定，通常在 0.05～1 之间。

4.2.2　分析试样的分解

在一般分析工作中（干法分析除外），需要先将试样分解，使被测组分定量转入溶液中，才能进行分析。在试样分解过程中要防止被测组分挥发损失，同时还要避免引入干扰测定的杂质，应当根据试样的性质与测定方法的不同选择合适的分解方法。常用的分解方法有溶解法和熔融法两种。

（1）溶解法：采用酸（碱）溶解试样是常用的方法。常用的溶剂如下：

1）盐酸：浓盐酸的沸点为 108℃，故溶解温度最好低于 80℃，否则因盐酸蒸发太快，试样分解不完全。

①易溶于盐酸的元素或化合物是 Fe，Co，Ni，Cr，Zn 以及普通钢铁、高铬钢、多数金属氧化物（如 MnO_2，PbO，PbO_2，Fe_2O_3 等）、过氧化物、氢氧化物、硫化物、碳酸盐、硼酸盐等。

②不溶于盐酸的物质包括灼烧过的 Al,Be,Cr,Fe,Ti,Zr 和 Th 的氧化物, SnO_2,Sb_2O_5,Nb_2O_5,Ta_2O_5,磷酸锆,独居石,磷钇矿,锶、钡和铅的硫酸盐,尖晶石,黄铁矿,汞和某些金属的硫化物,铬铁矿,铌和钽矿石以及各种钍和铀的矿石。

③用盐酸溶解砷、锑、硒、锗等试样,生成的氯化物在加热时易挥发而造成损失,应特别注意。

2)硝酸:

①易溶于硝酸的元素和化合物包括除金和铂系金属及易被硝酸钝化以外的金属、晶质铀矿(UO_2)和钍石(ThO_2)、铅矿、几乎所有铀的原生矿物及其碳酸盐、磷酸盐、钡酸盐、硫酸盐。

②硝酸不宜用来分解氧化物以及元素 Se,Te,As。很多金属浸入硝酸时形成不溶的氧化物保护层,因而不被溶解,这些金属包括 Al,Be,Cr,Ga,In,Nb,Ta,Th,Ti,Zr 和 Hf。而 Ca,Mg,Fe 能溶于较稀的硝酸。

3)硫酸:

①浓硫酸可分解硫化物、砷化物、氟化物、磷酸盐、锑矿物、铀矿物、独居石、萤石等。它还广泛用于氧化金属 Se,As,Sn 和 Pb 的合金及各种冶金产品,但铅沉淀为 $PbSO_4$。溶解完全后,能方便地借加热至冒烟的方法除去部分剩余的酸,但这样做将失去部分砷。硫酸还经常用于溶解氧化物、氢氧化物、碳酸盐。由于硫酸钙的溶解度低,所以硫酸不适于溶解以钙为主要组分的物质。

②硫酸的一个重要应用是除去挥发性酸,但 Hg(Ⅱ),Se(Ⅳ)和 Re(Ⅶ)在某种程度上可能失去,磷酸、硼酸也能失去。

4)磷酸:磷酸为中强酸,PO_4^{3-} 具有很强的配位能力,能溶解很多其他酸不能溶解的矿石,如铬铁矿、钛铁矿、硅酸盐矿物、多数硫化物矿物、天然的稀土元素磷酸盐、四价铀和六价铀的混合氧化物。

尽管磷酸有很强的分解能力,但通常仅用于一些单项测定,而不用于系统分析。磷酸与许多金属,甚至在较强的酸性溶液中,亦能形成难溶的盐,给分析带来许多不便。

5)高氯酸:温热或冷的稀高氯酸水溶液不具有氧化性。较浓的高氯酸(60%～72%)虽然冷时没有氧化能力,但是热时却是强氧化剂。使用热浓高氯酸时,必须注意避免与有机物接触,以免引起爆炸。所以,对于含有机物和还原性物质的试样,应先用硝酸在加热条件下将其破坏,然后再用高氯酸分解,或直接用硝酸和高氯酸的混合溶液分解。在氧化过程中应随时补加硝酸,待试样全部分解后,才能停止加硝酸。

热的浓高氯酸几乎与所有的金属(除金和一些铂系金属外)起反应,并将金属氧化为最高价态,只有铅和锰呈较低氧化态,即 Pb(Ⅱ)和 Mn(Ⅱ)。但在此条件下,Cr 不被完全氧化为 Cr(Ⅵ)。若在溶液中加入氯化物可保证所有的铱都呈四价。高氯酸还可溶解硫化物矿、铬铁矿、磷灰石、三氧化二铬以及钢中夹杂的碳化物。

6)氢氟酸:氢氟酸应用于分析天然或工业生产的硅酸盐,同时也适用于许多其他物质,如 Nb,Ta,Ti 和 Zr 的氧化物,Nb 和 Ta 的矿石及含硅量低的矿石。另外,含钨铌钢、硅钢、稀土、铀等矿物也均易用氢氟酸分解。

许多矿物包括石英、绿柱石、锆石、铬铁矿、黄玉锡石、刚玉、黄铁矿、蓝晶石、十字石、黄铜矿、磁黄铁矿、红柱石、尖晶石、石墨、金红石、硅线石和某些电气石,用氢氟酸分解将遇到困难。

7)混合酸:混合酸常能起到取长补短的作用,有时还会得到新的、更强的溶解能力。王水(HNO_3:HCl=1:3)可分解贵金属和辰砂、镉、汞、钙等多种硫化矿物,亦可分解铀的天然氧化物、沥青铀矿和许多其他的含稀土元素、钍、锆的衍生物,以及某些硅酸盐、钒矿物、彩钼铅矿、钼钙矿、大多数天然硫酸盐类矿物。

磷酸-硝酸:可分解铜和锌的硫化物和氧化矿物。

磷酸-硫酸:可分解许多氧化矿物,如铁矿石和一些对其他无机酸稳定的硅酸盐。

高氯酸-硫酸:适于分解铬尖晶石等很稳定的矿物。

高氯酸-盐酸-硫酸:可分解铁矿、镍矿、锰矿石。

氢氟酸-硝酸:可分解硅铁、硅酸盐及含钨、铌、钛等试样。

8)NaOH:铝和铝合金以及某些酸性为主的两性氧化物(如 As_2O_3)可用NaOH 溶解。用 NaOH 溶解应当用塑料或银质器皿。

(2)熔融法:用酸或其他溶剂不能分解完全的试样,可用熔融的方法分解。此法是将熔剂和试样混合后,于高温下使试样转变为易溶于水或酸的化合物。熔融方法需要高温设备,且引进大量熔剂的阳离子和坩埚物质,这对有些测定是不利的。

1)熔剂分类:

①碱性熔剂:如碱金属碳酸盐及其混合物、硼酸盐、氢氧化物等。

②酸性熔剂:包括酸式硫酸盐、焦硫酸盐、氟氢化物、硼酐等。

③氧化性熔剂:如过氧化钠、碱金属碳酸盐及氧化剂混合物等。

④还原性熔剂:如氧化铅和含碳物质的混合物、碱金属和硫的混合物、碱金属硫化物和硫的混合物等。

2)选择熔剂的基本原则:一般说来,酸性试样采用碱性熔剂,碱性试样采用酸性熔剂,氧化性试样采用还原性熔剂,还原性试样采用氧化性熔剂,但也有例外。

3)常用熔剂简介:

①碳酸盐:通常用 Na_2CO_3 或 K_2CO_3 作熔剂来分解矿石试样,如分解钠长石、重晶石、铌钽矿、铁矿、锰矿等。熔融温度一般在 900℃～1 000℃,时间在 10～30 min,熔剂和试样的比例因不同的试样而有较大区别,如对铁矿或锰矿为 1:1,对硅酸盐约为 5:1,对一些难熔的物质如硅酸锆、釉和耐火材料等则要 10:1～20:1,通常用铂坩埚。

碳酸盐熔融法的缺点是一些元素会挥发失去,汞和铊全部挥发,硒、砷、碘在很大程度上失去,氟、氯、溴损失较小。

②过氧化钠:过氧化钠常被用来熔解极难溶的金属和合金、铬矿以及其他难以分解的矿物,如钛铁矿、铌钽矿、绿柱石、锆石和电气石等。

此法的缺点是过氧化钠不纯且不能进一步提纯,一些坩埚材料常混入试样溶液中。为克服此缺点,可加 Na_2CO_3 或 $NaOH$。500℃ 以下,可用铂坩埚,600℃ 以下可用锆或镍坩埚。可能采用的材料还有铁、银和刚玉。

③氢氧化钠(钾):碱金属氢氧化物熔点较低(328℃),熔融时可在比碳酸盐熔点低得多的温度下进行。对硅酸盐(如高岭土、耐火土、灰分、矿渣、玻璃等),特别是对铝硅酸盐熔融十分有效。此外,还可用来分解铅钒,Nb,Ta 及硼矿物和许多磷酸盐以及氟化物。

对氢氧化物熔融,镍坩埚(600℃)和银坩埚(700℃)优于其他坩埚。熔剂用量与试样量比为 8:1～10:1。此法的缺点是熔剂易吸潮,因此熔化时易发生喷溅现象。优点是速度快,而且固化的熔融物容易溶解,F,Cl,Br,As,B 等也不会损失。

④焦硫酸钾(钠):焦硫酸钾可用 $K_2S_2O_7$ 产品,也可用 $KHSO_4$ 脱水而得。熔融时温度不应太高,持续的时间也不应太长。假如试样很难分解,最好不时冷却熔融物,并加数滴浓硫酸,尽管这样做不十分方便。

对 BeO,FeO,Cr_2O_3,Mo_2O_3,Tb_2O_3,TiO_2,ZrO_2,Nb_2O_5,Ta_2O_5 和稀土氧化物以及这些元素的非硅酸盐矿物,如钛铁矿、磁铁矿、铬铁矿、铌铁矿、钽铁矿等,焦硫酸盐熔融特别有效。铂和熔凝石英是进行这类熔融常用的坩埚材料,前者略被腐蚀,后者较好。熔剂与试样量之比为 15:1。

焦硫酸盐熔融不适于许多硅酸盐,此外,锡石、锆石和磷酸锆也难以分解。焦硫酸盐熔融的应用范围,由于许多元素的挥发损失而受到限制。

4.3　容量玻璃仪器的定量分析校正

容量玻璃仪器的容积有时与它所标出的大小不完全符合,这是因为玻璃具有热胀冷缩的性质,不同温度下,其容积是不同的。因此,对于准确度要求较高的分析,必须对量器进行校正。容量器皿的校准方法通常有称量法和相对校准法两种。

4.3.1 称量法

称量法是指在校准室内温度波动小于 $1℃ \cdot h^{-1}$,所用器皿和水都处于同一室时,用分析天平称出容量器皿所量入或量出的纯水的质量,然后根据该温度下水的密度,将水的质量换算为容积。

由于水的密度和玻璃容器的体积随温度的变化而改变,以及在空气中称量会受到空气浮力的影响,因此将任一温度下水的质量换算成容积时必须对下列三点加以校正:校准温度下水的密度;校准温度下玻璃的热膨胀;在空气中称量时空气浮力的影响。

为了便于计算,将上述三项校正值合并而得一总校正值(见表 4-1),表中的数字表示在不同温度下,用水充满 20℃时容积为 1 L 的玻璃容器,在空气中用黄铜砝码称取的水的质量。校正后的容积是指 20℃时该容器的真实容积。应用该表来校正容量仪器是十分方便的。

表 4-1　不同温度下用水充满 20℃时容积为 1 L 的玻璃容器,
在空气中以黄铜砝码称取的水的质量

温度/℃	质量/g	温度/℃	质量/g	温度/℃	质量/g
0	998.24	14	998.04	28	995.44
1	998.32	15	997.93	29	995.18
2	998.39	16	997.80	30	994.91
3	998.44	17	997.65	31	994.64
4	998.48	18	997.51	32	994.34
5	998.50	19	997.34	33	994.06
6	998.50	20	997.18	34	993.75
7	998.50	21	997.00	35	993.45
8	998.48	22	996.80	36	993.12
9	998.44	23	996.60	37	992.80
10	998.39	24	996.38	38	992.46
11	998.32	25	996.17	39	992.12
12	998.23	26	995.93	40	991.77
13	998.14	27	995.69		

(1)滴定管的校正:将滴定管洗净至内壁不挂水珠,加入纯水,驱除活塞下的气泡,取一磨口塞锥形瓶,擦干瓶外壁、瓶口及瓶塞,在分析天平上称重。将滴定管的水面调节到正好在 0.00 刻度处。按滴定时常用的速度(每秒 3 滴)将一定体积的水(如 10 mL)放入已称重的具塞锥形瓶中,注意勿将水沾在瓶口上。在分析天平上称量盛水的锥形瓶重,读出水重,并计算真实体积。倒掉锥形瓶中的水,擦干瓶外壁、瓶口和瓶塞称量瓶重。滴定管重新充水至 0.00 刻度,再放另一体积的水(如 20 mL)至锥形瓶中,称量盛水的瓶重,算出此段水的实际体积。如上法继续检定由 0 至最大刻度的体积,算出真实体积。

重复检定一次,两次检定所得同一刻度的体积相差不应大于 0.01 mL。算出各个体积处的校正值(二次平均),以读数为横坐标、校正值为纵坐标,绘制滴定管校正值曲线,以备使用滴定管时查取。

一般 50 mL 滴定管每隔 10 mL 测一个校正值;25 mL 滴定管每隔 5 mL 测一个校正值;3 mL 微量滴定管每隔 0.5 mL 测一个校正值。

计算方法举例:

在 19℃时由滴定管放出 0.00~30.00 mL 水的质量为 29.929 0 g,查表得 19℃时水的密度为 997.34 g·L^{-1},滴定管的真实体积(20℃时)应为

$$\frac{29.929\ 0}{997.34} \times 1\ 000 = 30.01 (\text{mL})$$

$$校正值 = 30.01 - 30.00 = +0.01 (\text{mL})$$

(2)容量瓶的校正:将洗涤合格并倒置沥干的容量瓶放在分析天平上称量。取蒸馏水充入已称重的容量瓶中至刻度,称量并测水温(准确至 0.5℃)。根据该温度下的密度,计算真实体积。

(3)移液管的校正:将移液管洗净至内壁不挂水珠,取具塞锥形瓶,擦干外壁、瓶口及瓶塞,称重。按移液管使用方法量取已测温的纯水,放入已称重的锥形瓶中,在分析天平上称量盛水的锥形瓶,计算在该温度下的真实容积。

4.3.2　相对校准法

用一个已校准的玻璃容器间接地校准另一个玻璃容器,称为相对校准法。在滴定分析中,要求确知两种量器之间的比例关系时,可用此法,最为常用的是用校准过的移液管来校准容量瓶的容积,其方法如下:用洗净的 25 mL 移液管吸取蒸馏水,放入洗净沥干的 100 mL 容量瓶内,平行移取 4 次,观察容量瓶中水的弯月面下缘是否与刻线相切,若不相切,记下弯月面下缘的位置,再重复实验一次。连续两次实验相符后,用一平直的窄纸条贴在与水弯月面下缘相切之处,并在纸条上刷蜡或贴一块透明胶布以保护此标记。以后使用的容量瓶与移液管即可按所标记配套使用。

4.4　重量分析法的基本操作

重量分析法可分为沉淀法、挥发法和电解法三种。沉淀法是利用沉淀反应，使被测物质转变成一定的称量形式，然后称量，从而测得物质含量的分析方法。

沉淀分析的基本操作包括样品溶解、沉淀、过滤、洗涤、烘干和灼烧等步骤。

4.4.1　样品的溶解

（1）试样溶解时无气体产生的溶解方法：称取样品放入烧杯中，盖上表面皿，溶解时取下表面皿，凸面向上放置，试剂沿下端紧靠着杯内壁的玻棒慢慢加入，加完后将表面皿盖在烧杯上。

（2）试样溶解时有气体产生的溶解方法：称取样品放入烧杯中，先用少量水将样品润湿，表面皿凹面向上盖在烧杯上，用滴管滴加，或沿玻棒将试剂自烧杯嘴与表面皿之间的孔隙缓慢加入，以防猛烈产生气体。加完试剂后，用水吹洗表面皿的凸面，流下来的水应沿烧杯内壁流入烧杯中，用洗瓶吹洗烧杯内壁。

试样溶解需加热或蒸发时，应在水浴锅内进行，烧杯上必须盖上表面皿，以防溶液剧烈爆沸或迸溅。加热、蒸发停止时，用洗瓶吹洗表面皿或烧杯内壁。

4.4.2　试样的沉淀

根据沉淀的晶型或非晶型性质，选择不同的沉淀条件。

（1）晶型沉淀：沉淀条件应按照"稀、热、慢、搅、陈"的操作方法，即沉淀的溶液配制要适当稀；沉淀时应将溶液加热；沉淀剂的加入速度要缓慢；沉淀时要用玻棒不断搅拌；沉淀完全后，盖上表面皿，要静止一段时间或加热陈化。

沉淀完后，应检查沉淀是否完全，方法是将沉淀溶液静止一段时间，让沉淀下沉，上层溶液澄清后，滴加一滴沉淀剂，观察交接面是否混浊，如混浊，表明沉淀未完全，还需加入沉淀剂；反之，如清亮则沉淀完全。

（2）非晶型沉淀：宜用较浓的沉淀剂溶液，加入沉淀剂和搅拌的速度均快些，沉淀要在热溶液中进行，沉淀后要用热的蒸馏水稀释，不必放置陈化，有时还需加入电解质等。

4.4.3　沉淀的过滤和洗涤

对于需要灼烧的沉淀物，常在玻璃漏斗中用滤纸进行过滤和洗涤，对只需烘干即可称重的沉淀，则在古氏坩埚中进行过滤、洗涤。

滤纸分为定性滤纸和定量滤纸两大类，重量分析中使用的是定量滤纸。定量滤纸经灼烧后，灰分小于 0.000 1 g 者称为"无灰滤纸"，其质量可忽略不计；若灰分质量大于 0.000 2 g，则需从沉淀物中扣除其质量，一般市售定量滤纸都已注明每张滤纸的灰分质量,可供参考。定量滤纸一般为圆形,按直径大小分为11 cm,9 cm,7 cm,4 cm 等规格;按滤速可分为快、中、慢速三种。定量滤纸的选择应根据沉淀物的性质来定,滤纸的大小应注意沉淀物完全转入滤纸后,沉淀物的高度一般不超过滤纸圆锥高度的1/3处。

(1)用滤纸过滤:滤纸按用途分为定性、定量两种;按空隙大小又分成快速、中速和慢速三种。

过滤时,将圆形滤纸对折两次成扇形,展开使之成为锥形,恰能与60°角的漏斗贴合。滤纸边缘应略低于漏斗边缘(图4-1)。然后在三层滤纸那边将外层两边撕去一小角并保存于干燥洁净的表面皿上,待以后擦烧杯用。

将折叠好的滤纸放入漏斗中,三层处应在漏斗颈出口短的一边。用食指把滤纸按在漏斗内壁上,用少量蒸馏水润湿滤纸,赶走滤纸与漏斗壁间的气泡,使滤纸紧贴在漏斗壁上。然后加水至滤纸边缘,这时漏斗颈内应全部充满水,形成水柱。当漏斗中水全部流尽后,颈内水柱仍能保留且无气泡。

若不形成完整的水柱,可以用手堵住漏斗下口,稍掀起滤纸三层部分的一边,用洗瓶向滤纸与漏斗间的空隙里加水,直到漏斗颈和锥体的大部分被水充满.然后按紧滤纸边,放开堵住出口的手指,此时水柱即可形成。由于水柱下移可起抽滤的作用,因而可以加快过滤速度。

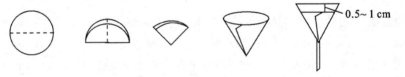

0.5~1 cm

图 4-1　滤纸的折叠与放置

过滤时漏斗要放在漏斗架上,并使漏斗颈出口长的一端紧靠接收器内壁。漏斗的高度以过滤时漏斗的出口不接触滤液为度。

过滤分三步进行:第一步采用倾泻法,尽可能地过滤上层清液,如图4-2所示;第二步转移沉淀到漏斗上;第三步清洗烧杯和漏斗上的沉淀。此三步操作一定要一次完成,不能间断,尤其是过滤胶状沉淀时更应如此。

第一步采用倾泻法是为了避免沉淀过早堵塞滤纸上的空隙,影响过滤速度。沉淀剂加完后,静置一段时间,待沉淀下降后,将上层清液沿玻璃棒倾入漏斗中,玻璃棒要直立,下端对着滤纸的三层边,尽可能靠近滤纸但不接触。倾入的溶液量一般只充满滤纸的2/3,离滤纸上边缘至少5 mm,否则少量沉淀因毛细管作用越过滤纸上缘,造成损失。

暂停倾泻溶液时,烧杯应沿玻璃棒使其向上提起,逐渐使烧杯直立,以免使烧杯嘴上的液滴流失。带沉淀的烧杯放置方法如图 4-3 所示,烧杯下放一块木头,使烧杯倾斜,以利沉淀和清液分开。待烧杯中沉淀澄清后,继续倾注,重复上述操作,直至上层清液倾完为止。

 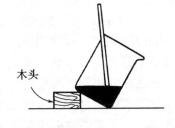

木头

图 4-2　倾泻法过滤　　　图 4-3　过滤时带沉淀和溶液的烧杯放置方法

　　用倾泻法将清液完全过滤后,应对沉淀作初步洗涤。洗涤时,沿烧杯壁旋转着加入约 10 mL 洗涤液(或蒸馏水)吹洗烧杯四周内壁,使黏附着的沉淀集中在烧杯底部。待沉淀下沉后,按前述方法,倾出过滤清液,如此重复 3~4 次,然后再加入少量洗涤液于烧杯中,搅动沉淀使之均匀,立即将沉淀和洗涤液一起通过玻璃棒转移至漏斗上,再加入少量洗涤液于杯中,搅拌均匀,转移至漏斗上,重复几次,使大部分沉淀都转移到滤纸上。然后将玻璃棒横架在烧杯口上,下端应在烧杯嘴上,且超出杯嘴 2~3 cm,用左手食指压住玻棒上端,大拇指在前,其余手指在后,将烧杯倾斜放在漏斗上方,杯嘴向着漏斗,玻棒下端指向滤纸的三边层,用洗瓶或滴管吹洗烧杯内壁,沉淀连同溶液流入漏斗中,如图 4-4 所示。如有少许沉淀黏附在烧杯壁和玻棒上,可用前面折叠滤纸时撕下的纸角擦拭,擦拭过的滤纸角放在漏斗中的沉淀内。

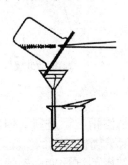 

图 4-4　沉淀的转移　　　　图 4-5　漏斗中沉淀的洗涤

沉淀完全移转至滤纸上后,在滤纸上进行最后洗涤,用洗瓶吹出细小缓慢的液流,从滤纸上部沿漏斗壁螺旋式向下吹洗,如图 4-5 所示,使沉淀集中到滤纸锥体的底部直到沉淀洗净为止。

洗涤的目的是为了洗出沉淀表面所吸附的杂质和残留的母液,获得纯净的沉淀。为了提高洗涤效率,尽量减少沉淀的溶解损失,洗涤时应遵循“少量多次”的原则,即同体积的洗涤液应尽可能分多次洗涤,每次使用少量洗涤液(没过沉淀为度),待沉淀沥干后,再进行下一次洗涤。洗涤数次后,用洁净的表面皿承接约 1 mL 滤液,选择灵敏、快速的定性反应来检验沉淀是否洗净。

(2)用微孔玻璃漏斗或玻璃坩埚过滤:对于烘干即可称重或热稳定性差的沉淀可用玻璃滤器过滤。分析化学实验中常用的两种玻璃滤器如图 4-6(a),(b)所示。玻璃滤器在使用前要经酸洗(浸泡)、抽滤、水洗、晾干或抽滤、烘干处理。为防止残留物堵塞微孔,使用后的滤器应及时清洗,清洗的原则是选用既溶解或分解残留物又不至于腐蚀滤板的洗涤液进行浸泡,然后抽滤、水洗、再抽滤,最后在烘箱中缓慢地升温至所需温度烘至恒重,并待烘箱稍降温后再取出,以防裂损。

玻璃滤器不宜过滤较浓的碱性溶液、热浓磷酸及氢氟酸溶液,也不宜过滤残渣会堵孔又无法洗掉的溶液。

在玻璃滤器中进行沉淀的过滤、洗涤和转移的操作及注意事项与用滤纸过滤基本相同。其不同点是用玻璃滤器必须在减压下过滤,所以要准备装有安全瓶的抽滤设备,如图 4-6(c)所示。

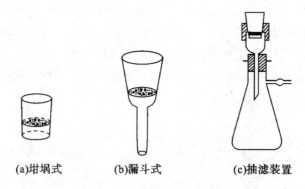

(a)坩埚式　　　(b)漏斗式　　　(c)抽滤装置

图 4-6　玻璃滤器和抽滤装置

过滤时应先减压后倾入溶液,并一直在抽滤情况下进行。但应控制压力勿使过滤速度太快,否则会降低洗涤效率。黏附于烧杯壁上的沉淀,只能用淀帚擦拭(不能用滤纸),然后用水冲洗淀帚并将烧杯中的沉淀冲洗至滤器中。停止过滤时应先从安全瓶放气,常压后再取下滤器,关闭水泵。

4.4.4　沉淀的烘干和灼烧

(1)坩埚的准备和干燥器的使用:将坩埚洗净、烘干,再用钴盐或铁盐溶液在坩埚及盖上写明编号,以便识别。然后于高温炉中,在灼烧沉淀时的温度条件下预先将空坩埚灼至恒重,灼烧时间为 15～30 min。灼烧后的坩埚自然冷却后将其夹入干燥器中,不要立即盖紧干燥器盖,留约 2 mm 缝隙,等热空气逸出后再盖严。移至天平室冷却 30～40 min 至室温后即可称量。然后再灼烧 15～20 min,冷却,称重,直到连续两次称得质量之差不超过 0.2 mg,即可认为坩埚已恒重。

干燥器是一种具有磨口盖子的厚质玻璃器皿。为了使干燥器密闭,在盖子磨口处要均匀地涂上一层凡士林。灼烧后的坩埚和沉淀、烘干后的基准物、试样和称量瓶,必须放入干燥器中冷却,待冷却到室温后,再进行称重。

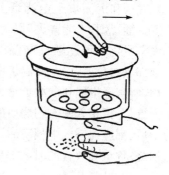

开启干燥器时,左手按住干燥器下部,右手握住盖上的圆顶,向前推开器盖,如图 4-7 所示,取下的盖子应放在实验台安全的地方(注意磨口朝上、圆顶朝下),以防止其滚落在地,加盖时也应当拿住盖上的圆顶推着盖好。

图 4-7　干燥器的开启操作

(2)沉淀的烘干:烘干一般是在 250℃ 以下进行。凡是用微孔玻璃滤器过滤的沉淀,可用烘干方法处理。其方法为将微孔玻璃滤器连同沉淀放在表面皿上,置于烘箱中,选择合适温度。第一次烘干时间可稍长(如 2 h),第二次烘干时间可缩短为 40 min。沉淀烘干后,置于干燥器中冷至室温后称重。如此反复操作几次,直至恒重为止。注意每次操作条件要保持一致。

(3)沉淀的包裹、烘干、灼烧与称量:灼烧是指温度高于 250℃ 进行的处理,它适用于用滤纸过滤的沉淀。灼烧是在预先已烧至恒重的瓷坩埚中进行的。

1)沉淀的包裹:包裹晶形沉淀可按照图 4-8 所示卷成小包将沉淀包好后,用滤纸不接触沉淀的部分,将漏斗内壁轻轻擦一下,擦下可能粘在漏斗上部的沉淀微粒。把滤纸包的三层部分向上放入已恒重的坩埚中,这样可使滤纸较易灰化。

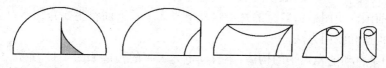

图 4-8　晶形沉淀的包裹

对于胶状沉淀,因其体积大,可用扁头玻棒将滤纸的三层部分挑起,向中间折叠,将沉淀全部盖住,如图4-9所示,再用玻璃棒轻轻转动滤纸包,以便擦净漏斗内壁可能粘有的沉淀,然后将滤纸包转移至已恒重的坩埚中。

2)沉淀的烘干、灼烧及称量:将装有沉淀的坩埚置于低温电炉上加热,把坩埚盖半掩着倚于坩埚口,将滤纸和沉淀烘干至滤纸全部炭化(滤纸变黑),注意只能冒烟,不能冒火,以免沉淀颗粒随火飞散而损失。炭化后可逐渐提高温度,使滤纸灰化。待滤纸

图4-9 胶状沉淀的包裹

全部呈白色后,移至高温炉中灼烧至恒重后进行称量。然后进行第二次、第三次灼烧,直至坩埚和沉淀恒重为止。一般第二次以后只需灼烧20 min即可。所谓恒重,是指相邻两次灼烧后的称量差值不大于0.4 mg。每次灼烧完毕从炉内取出后,都应在空气中稍冷后,再移入干燥器中,冷却至室温后称重。要注意每次灼烧、称重和放置的时间都要保持一致。

4.5 定量分析常用仪器及操作

4.5.1 分析天平

分析天平是定量分析中常用的精密衡量仪器。正确的称量是得到准确测量结果的基本保证,因此要了解分析天平的构造并掌握正确的使用方法。

(1)天平的分类:根据天平的构造,可分为机械天平和电子天平。

根据天平的平衡原理,可分为杠杆式天平、电磁力式天平、弹力式天平和液体静力平衡式天平四类。

根据天平的准确度,可分为特种准确度(精细天平)、高准确度(精密天平)、中等准确度(商用天平)、普通准确度(粗糙天平)。

根据天平的分度值大小,可分为常量天平(0.1 mg)、半微量天平(0.01 mg)、微量天平(0.001 mg)等。

目前国内使用最为广泛的是半自动电光天平。下面将主要介绍半自动电光天平的构造和使用方法。

(2)半自动电光天平的构造:半自动电光天平的构造如图4-10所示。

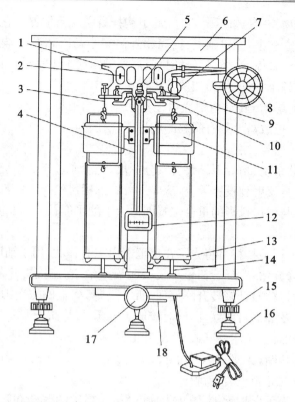

1—横梁；2—平衡螺丝；3—吊耳；4—指针；5—支刀点；6—框罩；7—圈码；8—指数盘；
9—承重刀；10—折叶；11—阻尼筒；12—投影屏；13—秤盘；14—盘托；15—螺旋脚；
16—垫脚；17—升降旋钮；18—调屏拉杆

图 4-10　半自动电光分析天平

1)天平横梁:天平的主要部件,一般由铝铜合金制成。梁上装有三个三棱形的玛瑙刀,其中一个装在正中的称为支点刀,刀口向下。另外两个与支点刀等距离地安装在横梁的两端称为承重刀,刀口向上。

梁的两端装有两个平衡螺丝,用来粗调天平的零点。梁的中间装有垂直向下的指针,用以指示天平的平衡位置。支点刀的后上方装有重心螺丝,用来调节天平的灵敏度。

2)立柱和折叶:立柱是金属做的中空圆柱,下端固定在天平底座中央。支撑着天平横梁。立柱的上部装有折叶。中空部分是升降旋钮控制折叶的通路。天平关闭时,折叶上升托住横梁,使刀口与刀承分开。立柱的后上方装有气泡水平仪,用来指示天平的水平位置(气泡处于圆圈的中央时,天平处于水平位置)。

3)悬挂系统:在横梁两端的承重刀上各悬挂一个吊耳。吊耳的上钩挂有秤盘,左盘放称量物,右盘放砝码。吊耳的下钩挂有空气阻尼器。它由两个圆筒制成,外筒固定在立柱上,开口朝上;内筒比外筒略小,开口朝下,挂在吊耳上。两筒间隙均匀,没有摩擦,当横梁摆动时,阻尼器的内筒上下移动,由于筒内空气的阻力,天平很快趋于平衡,从而加快了称量速度。

4)机械加码装置:转动指数盘可使天平梁右端吊耳上加 10～990 mg 的圈码(圈形砝码)。指数盘上刻有圈码的质量值,内层为 10～90 mg 组,外层为 100～900 mg 组。

5)光学读数系统:指针下端装有微分标尺,光源通过光学系统将微分标尺上的分度线放大,再反射到投影屏上,从屏上可看到标尺的投影。投影屏中央有一条垂直标线,它与标尺投影的重合位置即为天平的平衡位置,可直接读出 0.1～10 mg 以内的数值。

天平箱下的调屏拉杆可将光屏在小范围内左右移动,用于细调天平的零点。

6)天平升降旋钮:升降旋钮位于天平底板正中,它连接折叶、盘托和光源开关。开启天平时,顺时针旋转升降旋钮,折叶下降,梁上的三个刀口与相应的刀承接触,使吊钩及秤盘自由摆动,同时接通了电源,投影屏上显示出标尺的投影,天平进入工作状态。关闭升降旋钮,折叶上升,横梁、吊耳及秤盘被托住,刀口与刀承分开,光源切断,天平进入休止状态。为了保护天平的玛瑙刀口与使用方便,在秤盘下方的底板上装有盘托。

7)天平箱:为了保护天平,防止尘埃的侵入、温度的改变和附近空气的流动等影响,天平应安装在天平箱中。天平箱有三个可移动的门。前门可上下移动,但平时不开,只是在天平安装、调试时,方才打开;两边的侧门供取放砝码和称量物之用。

天平箱下有三个脚,前面两个是供调整天平水平位置的螺旋脚,三只脚都放在垫脚中。

8)砝码:每台天平都附有一盒配套的砝码。盒内装有 1 g,2 g,2 g,5 g,10 g,20 g,20 g,50 g,100 g 的砝码 9 个。面值相同的两个砝码,其质量可能有微小的差别,其中的一个打上标记,以示区别。取用砝码时,要用镊子,用完后及时放回盒内原来的位置并盖严。

(3)半自动电光天平的使用:

1)调节零点:电光天平的零点是指天平空载时,微分标尺上的"0"刻度与投影屏上的标线相重合的平衡位置。接通电源,开启天平,若"0"刻度与标线不重合,当偏离较小时,可拨动调屏拉杆,移动投影屏的位置,使其重合,即调定零点;若偏离较大时,则需关闭天平,调节横梁上的平衡螺丝(这一操作由老师进行),再开启天平,继续拨动调屏拉杆,直到调定零点,然后关闭天平,准备称量。

2)称量：先在台秤上粗称称量物质量，然后将其放到左盘的中央并关好左门，在右盘上加上粗称称量物质量的砝码。半开天平，观察指针的偏移或投影屏上标尺的移动方向。根据"指针总是偏向轻盘，投影标尺总是向重盘移动"的原则，以判断所加砝码是否合适及如何调整。克组砝码调定后，关上右门，再依次调定百毫克组及十毫克组圈码，每次从折半量（500 mg，50 mg）开始调节。十毫克圈码组调定后，完全开启天平，平衡后从投影屏上读出以下读数：克组砝码数、指数盘刻度数及投影屏上读数，三者之和即为称量物的质量，应及时将称量数据记录在实验记录本上。

选取砝码应遵循"由大到小、折半加入、逐级试重"的原则。

（4）分析天平的质量检验：分析天平的质量指标主要有三个：灵敏度、示值变动性和不等臂性。

1)分析天平的灵敏度：指在天平的一个盘上增加一定质量时所引起指针偏转的程度，它反映天平对秤盘上物体质量改变的感应能力。一定的质量下，指针偏转的角度越大，天平的灵敏度越高。

灵敏度（E）的单位为分度·mg^{-1}。在实际工作中，常用灵敏度的倒数分度值（S）来表示天平的灵敏程度。如半自动电光天平的灵敏度 $E=10$ 分度·mg^{-1}，则分度值 $S=0.1$ mg·分度$^{-1}$，即秤盘上 0.1 mg 的质量改变，天平也能感应出来。因此，这类分析天平称为万分之一天平。

对双盘天平，在左盘上加已校准的 10 mg 砝码，如果平衡位置在 98～102 分度内，其空载时的分度值误差就在国家规定的允许误差之内，超出这个范围，就应调整重心螺丝，使灵敏度达到要求。

2)分析天平的示值变动性：连续多次测定天平空载和全载时标尺的平衡位置，往往会有微小的差别，各次测量值的极差称为天平的示值变动性 Δ_o（空载时）和 Δ_p（全载时）。应连续测定 5 次，天平的示值变动性允许误差为 1 个分度以内，对常量分析天平来说，就是 0.1 mg。如超过允许误差，应查找原因，并进行调整。

引起天平的示值变动性超差的因素主要有以下几方面：天平梁上零部件（刀口、平衡螺丝重心螺丝）发生松动，或偏离正确位置；横梁、阻尼器有灰尘；环境条件（天平附近有空气对流、天平温度波动较大、天平附近有振动）以及操作不当（称量物偏离室温较大或不够干燥、天平水平位置发生改变）等。

3)天平的不等臂性误差：由于双盘天平的支刀点和两个承重刀之间的距离不可能绝对相等，往往有微小的差别，由此产生的误差称为不等臂性误差。将两个等量的砝码分别放在两个秤盘上，测定天平的平衡位置，即可计算出天平的不等臂性误差。规定的允许误差是 3 个分度，超过允许误差应请专门人员修理。

在实际工作中,如果使用同一台天平进行称量,则天平的不等臂性误差可以消除。

(5)分析天平的称量方法:根据不同的称量对象及称量要求,须采用相应的称量方法,常用的称量方法有以下三种:

1)直接称量法:调好零点后,将称量物置于称量盘上,所得读数即为称量物的质量。该法适用于称量洁净干燥的器皿、棒状或块状的金属等,不得用手直接取放被称物。

2)固定质量称量法:此种方法适用于在空气中不易吸湿的试样。先按直接称量法称取盛试样器皿的质量,然后在右边秤盘上加上固定质量的砝码或圈码,再用小角匙将试样逐步加到盛放试样的器皿中,直到天平达到平衡。这种方法称量计算简单,不过称量速度较慢。

3)递减称量法:这种方法称出试样的质量不要求固定的数值,只需在要求的称量范围即可。常用于称取易吸湿、易氧化或易与 CO_2 起反应的物质。

称取固体试样时,将适量的试样装入干燥洁净的称量瓶中,用洁净的小纸条套在称量瓶上,如图 4-11(a)所示,在天平上称得质量为 m_1。取出称量瓶,如图 4-11(b)所示放在盛试样容器的上方,打开瓶盖,将称量瓶倾斜,用瓶盖轻轻敲击瓶的上部,使试样慢慢落入容器中,当倾出的试样接近所需的质量时,慢慢地将瓶竖起,同时用瓶盖敲击瓶口上部,使黏在瓶口的试样落回瓶中,盖好瓶塞,再将称量瓶放回到秤盘上称量,称得质量为 m_2,两次质量之差即为倒入容器中的第一份试样的质量。按上述方法可连续称取多份试样。

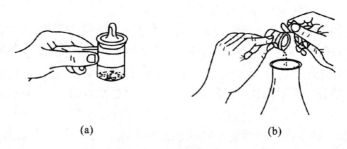

(a)   (b)

图 4-11 递减称量法示意图

(6)分析天平的使用规则:

1)称量前先将天平罩取下叠好,放在天平箱上面,检查天平梁、吊耳等部件是否在正常位置;指数盘是否都回到了零位;砝码、环码是否齐全;环码的位置是否正常;天平是否处于水平状态。用软毛刷清扫天平,检查和调整天平的零点。

2)旋转升降旋钮时必须缓慢,轻开轻关。取放称量物、加减砝码和圈码时,都必须关闭天平,以免损坏玛瑙刀口。

3)天平的前门不得随意打开,它主要供安装、调试和维修天平时使用。称量时应关好侧门。化学试剂和试样都不得直接放在秤盘上,应放在干净的表面皿、称量瓶或坩埚内;具有腐蚀性的气体或吸湿性物质,必须放在称量瓶或其他适当的密闭容器中称量。

4)取放砝码必须用镊子夹取,严禁手拿。加减砝码和圈码均遵循"由大到小、折半加入、逐级试重"的原则。称量物和砝码尽量放在秤盘的中央处。旋转指数盘时,应一档一档地慢慢转动,防止圈码脱落互撞。试加砝码和圈码时应慢慢半开天平试验。通过观察指针的偏转或投影屏上标尺移动的方向,判断加减砝码或称量物,直到半开天平后投影屏上标线移动缓慢平稳时,才将升降旋钮完全打开,待天平达到平衡时,记下读数。称量的数据应及时记录在实验记录本上,不得记在纸片或其他地方。

5)天平的载重不能超过天平的最大负载。在同一次实验中,应使用同一台天平和同一组砝码,以减小称量误差。

6)称量的物体必须与天平箱内的温度一致,不得把热的或冷的物体放进天平称量。为了防潮,在天平箱内应放有吸湿用的干燥剂,如变色硅胶等。

7)称量完毕后关闭天平,取出称量物和砝码,将指数盘拨回零位。检查砝码是否全部放回盒内原来的位置和天平内外的清洁,关好侧门,然后检查零点。将使用情况登记在天平使用登记簿上,再切断电源,最后罩上天平罩,将坐凳放回原处。

4.5.2　电子天平

电子天平是近年发展起来的新一代天平,它根据电磁力补偿工作原理,使物体在重力场中实现力的平衡,或通过电磁力矩的调节,使物体在重力场中实现力矩的平衡。

电子天平采用弹性簧片为支承点,无机械天平的玛瑙刀口,采用数字显示代替指针显示。它具有性能稳定、灵敏度高、操作方便快捷(放上被称物后,几秒内即能读数)、精度高等优点,还可以与计算机、打印机连接,实现称量、记录和计算的自动化,这些优点是机械天平无法比拟的,故其应用也越来越广泛。

电子天平的结构分为上皿式和下皿式,秤盘在支架上面的为上皿式,称盘吊在支架下面的为下皿式。目前广泛使用的是上皿式电子天平。尽管电子天平种类繁多,但其使用方法大同小异,具体操作可看各仪器的使用说明书。

电子天平最基本的功能是自动调零、自动校准、自动去皮和自动显示称量结果。下面简要介绍最能体现电子天平快捷称量特点的两种方法(增量法和减量法)及其使用注意事项。

(1)称量方法：

1)差减法：这种方法与在机械天平上使用称量瓶称取试样的方法相同，这里不在赘述。

2)增量法：将干燥的小烧杯轻轻放在天平盘上，关好天平门，待显示平衡后，按"TARE"键扣除皮重(小烧杯质量)并显示零点，然后打开天平门往小烧杯中加入试样并观察屏幕，当达到所需质量时停止加样，关上天平门，显示平衡后即可记录所称取试样的质量。

3)减量法：当须称取试样于不干燥的容器(如烧杯、锥形瓶)中时，用称量瓶盛装试样后，放在电子天平称盘上，显示稳定后，按一下"TARE"键使显示为零，然后取出称量瓶向容器中敲出一定量试样，再将称量瓶放在秤盘上称量，结果所示质量(不管负号)达到所需范围，即可记录称量结果。按此法可连续称取若干份试样。

(2)使用注意事项：

1)电子天平的自重较小，容易被碰移位，从而可能造成水平改变，影响称量结果的准确性。所以使用时应注意动作要轻、缓并时常检查水平是否改变。

2)要注意可能影响天平示值变动性的各种因素，如空气对流、温度波动、容器不够干燥、开门及放置被称物时动作过重等。

3)其他有关注意事项与机械天平大致相同。

4.5.3　高温电阻炉(马弗炉)

重量分析中的样品灼烧、沉淀灼烧和灰分测定等工作常使用高温炉。高温炉利用电热丝或碳硅棒加热，用电热丝加热的高温炉最高使用温度为 950℃；用碳硅棒加热的高温炉温度最高可达 1 300℃～1 500℃。高温炉根据形状分为箱式和管式，箱式又称马弗炉。高温炉的炉温由高温计测量，它由 1 对热电偶和 1 只毫伏表组成。

使用方法及注意事项：

(1)将装有样品的坩埚放入炉膛中部，关闭炉门。打开控温器的电源开关，绿灯显示加热，将温度设定旋钮调节到所需温度，温度显示指针将显示炉膛内温度，到设定温度后，加热会自动停止，红灯亮，表示处于保温状态。

(2)灼烧时间到，先关闭电源，不应立即打开炉门，以免炉膛骤冷碎裂。一般可先开一条小缝，让其降温快些，最后用长柄坩埚钳取出被加热样品。

(3)高温炉在使用时，要经常观察工作情况，防止自控失灵，造成电炉丝烧断等事故。

(4)炉膛内要保持清洁，炉子周围不要放易燃易爆物品，也不可放精密仪器。

(5)高温炉应放置在水泥台上，不可放置在木质桌面上，以免引起火灾。

4.6　滴定分析中的主要量器

在滴定分析中,滴定管、容量瓶、移液管和吸量管是准确测量溶液体积的量器。通常体积测量的相对误差比称量要大,如果体积测量不够准确(如相对误差>0.2%),其他操作步骤即使做得很正确,也是徒劳的,因为在一般情况下分析结果的准确度是由误差最大的那项因素所决定的。因此,必须准确测量溶液的体积以得到正确的分析结果。溶液体积测量的准确度不仅取决于所用量器是否准确,还取决于准备和使用量器是否正确。

在分析化学中,测量溶液的准确体积须用已知容量的量器。量器分为量出式量器和量入式量器。量出式量器(量器上标有 Ex)如滴定管、移液管和吸量管,用于测量从量器中排(放)出液体的体积(称为标称容量)。量入式量器(量器上标有 In)如容量瓶等,用于测量量器中所容纳液体的体积,其体积称为标称体积。量器又根据其容量允差和水的流出时间分为 A 级、A_2 级和 B 级(量器上标有"A","A_2"和"B"字),见表 4-2。另外快流式量器(如吸量管)标有"快"字,吹式量器(如吸量管)标有"吹"字。

表 4-2　量器的形式、规格和允差

量器名称	标称容量/mL	容量允差*/mL(±)			水的流出时间/s	
		A 级	A_2 级	B 级	A, A_2 级	B 级
滴定管	50	0.05	0.075	0.1	60～90	50～90
移液管	25	0.03		0.06	25～35	20～35
吸量管	10	0.050	0.038	0.10	20～30	15～30
容量瓶	250	15		0.3		

*标准温度 20℃,滴定管和吸量管为全容量和零到任意刻度,移液管和容量瓶为全容量

4.6.1　滴定管

滴定管是用来进行滴定的器皿,用于准确测量滴定中所用溶液的体积。滴定管是细长、内径大小均匀且具有精密刻度的玻璃管,管的下端有玻璃尖嘴。一般常量分析的滴定管容积为 25 mL 或 50 mL,最小刻度为 0.1 mL,读数可估计到 0.01 mL。另外,还有容积为 10 mL,5 mL,2 mL,1 mL 的半微量和微量滴定管。

滴定管一般分为两种,一种是酸式滴定管,另一种是碱式滴定管,如图 4-12所示。下端带有玻璃活塞开关的是酸式滴定管,用来盛酸、酸性或氧化性溶液,

不宜盛放碱性溶液,因碱性溶液能腐蚀玻璃,使活塞与活塞套黏合,难于转动。碱式滴定管其下端连接一段橡皮管,管内放一小玻璃珠,用来控制滴定速度。碱式滴定管用来盛放碱或碱性溶液,不能盛酸或氧化性等腐蚀橡皮的溶液。

(1)滴定管使用前的准备工作:

1)检漏:酸式滴定管使用前应检查旋塞转动是否灵活以及是否漏水。试漏的方法是先将旋塞关闭,在滴定管内充满水,将滴定管垂直悬挂在滴定台上,静置 2 min 后,观察管口及旋塞两端是否有水渗出;将旋塞转动180°,再静置 2 min 后,看是否有水渗出。若前两次均无水渗出,旋塞转动也灵活,即可使用;否则将旋塞取出,重新涂上凡士林(起密封和润滑作用)后再使用。

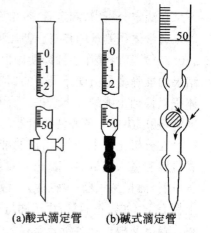

(a)酸式滴定管　(b)碱式滴定管

图 4-12　滴定管示意图

碱式滴定管应选择大小合适的玻璃珠和乳胶管。玻璃珠过小会漏水或使用时上下滑动,过大则在放出液体时手指过于吃力,且操作不方便。如不合要求,应及时更换。

2)涂凡士林:涂凡士林的做法是将滴定管中的水倒掉,平放在实验台上,抽出旋塞,用滤纸将旋塞及旋塞槽内的水擦干,用手指蘸少许凡士林在旋塞的两头均匀地涂上薄薄一层(图 4-13),在旋塞孔的两旁少涂一些,以免凡士林堵住塞孔。涂凡士林后,将旋塞直插入旋塞槽中(图 4-14),按紧,插时旋塞孔应与滴定管平行,此时旋塞不要转动,这样可以避免将凡士林挤到旋塞孔中。然后向同一方向转动旋塞,直至旋塞中油膜均匀透明。如发现转动不灵活或出现纹路,表示凡士林涂得不够;若有凡士林从旋塞缝内挤出,或旋塞孔被堵,表示凡士林涂得太多。遇到这些情况,都必须把塞槽和旋塞擦干净后,重新涂凡士林。

涂好凡士林后,应在旋塞末端套上一个橡皮圈(由乳胶管剪下一小段),以防脱落打碎。套橡皮圈时,要用手指抵住旋塞柄,防止其松动。

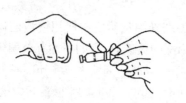

图 4-13　旋塞涂凡士林

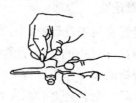

图 4-14　插入旋塞

　　3)洗涤:一般用自来水、肥皂水或洗涤剂洗涤(避免使用去污粉),如果内壁玷污较严重时(包括旋塞下部尖嘴出口),则需用洗液洗涤。用洗液洗涤时先将滴定管内的水沥干,倒入 10 mL 洗液(碱式滴定管应卸下乳胶管,套上旧橡皮乳头,再倒入洗液),将滴定管逐渐向管口倾斜,用两手转动滴定管,使洗液布满全管,然后打开旋塞将洗液放回原瓶中。用自来水冲洗干净,再用纯水洗三次,每次用水约 10 mL。

　　(2)标准溶液的装入:为了避免装入后的标准溶液被稀释,应用此种标准溶液 5～10 mL 润洗滴定管 2～3 次。操作时,两手平端滴定管,慢慢转动,使标准溶液润洗全管内壁,并使溶液从滴定管下端流尽,以除去管内残留水分。将标准溶液装入滴定管之前,应将试剂瓶中的溶液摇匀,使凝结在瓶内壁上的水珠混入溶液。混匀后的标准溶液应直接倒入滴定管中,不得借用其他器皿(如烧杯、漏斗),以免标准溶液浓度改变或造成污染。

　　装好标准溶液后,应注意检查滴定管尖嘴内有无气泡,否则在滴定过程中,气泡逸出将影响滴定剂的体积。对于酸式滴定管可迅速转动旋塞,使溶液快速冲出,将气泡带走。

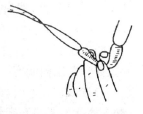

　　对于碱式滴定管,右手拿住滴定管上端使管身倾斜,左手捏挤乳胶管玻璃珠周围使尖端上翘,将溶液从尖嘴处喷出,即可排出气泡(图 4-15)。排除气泡后,装入标准溶液使之在"0"刻度以上,再调节液面,使之在 0.00 mL 处或稍下一点位置,0.5～1 min 后记下初读数(见下面读数方法)。

图 4-15　排除气泡

　　(3)滴定管的读数:滴定管的读数不准确,通常是滴定分析误差的主要来源之一。因此,读数时应遵循下列规则:

　　1)装满溶液或放出溶液后,须等 1～2 min 后再进行读数,使附着在内壁的溶液流下来。如果放出溶液的速度较慢(如临近终点时),可等 0.5～1 min 后,即可读数。每次读数前要检查一下管壁是否挂水珠、管尖是否有气泡、管出口尖嘴处是否悬有液滴。

　　2)读数时应将滴定管从滴定管架上取下,用拇指和食指捏住管上端无刻度处,使滴定管保持垂直状态。

　　3)液体由于表面张力,滴定管内液面呈弯月形。对于无色或浅色溶液,弯月面清晰,读数时,应读取视线与弯月面下缘实线最低点相切处的刻度。读数时如眼睛的位置偏高或偏低会造成读数的偏低或偏高(如图 4-16)。

　　对于有色溶液(如 $KMnO_4$,I_2 等)弯月面清晰度较差,读数时,应读取视线与液面两侧的最高点呈水平处的刻度。

4)使用"蓝带"滴定管时,读数方法与上述不同,在这种滴定管中,液面呈现三角交叉点,此时应读取交叉点处的刻度,如图 4-17(a)所示。

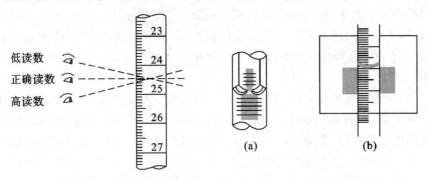

图 4-16　无色及浅色溶液读数　　　　图 4-17　滴定管读数

5)为了读数准确,可采用读数卡,这种方法有助于初学者练习读数。读数卡可用贴有黑纸或涂有墨的长方形(约 3 cm×1.5 cm)的白纸制成。读数时,将读数卡放在滴定管背后,使黑色部分在弯月面下的 1 mm 处,此时即可看到弯月面的反射层呈黑色,然后读与此黑色弯月面下缘相切的刻度,如图 4-17(b)所示。读数时应注意条件保持一致,或都使用读数卡,或都不使用读数卡。

6)每次滴定前应将液面调节在"0.00"或稍下一点的位置,这样可固定在某一段体积范围内滴定,以减少体积测量的误差。

7)读取初读数时,应将管尖嘴处悬挂的液滴除去。滴至终点时,应立即关闭旋塞,注意不要使滴定管中溶液流至管尖嘴处悬挂,否则最终读数便包括悬挂的半滴液滴。

(4)滴定操作:滴定时,应将滴定管垂直地夹在滴定管架上,滴定台应呈白色,否则应放一块白瓷板作背景,以便观察滴定过程溶液颜色的变化。滴定最好在锥形瓶中进行,必要时也可以在烧杯中进行。

酸式滴定管的滴定操作如图 4-18 所示。用左手控制滴定管的旋塞,拇指在前,食指和中指在后,手指略微弯曲,轻轻向内扣住旋塞,转动旋塞时要注意勿使手心顶着旋塞,以防旋塞松动,造成溶液渗漏。右手握持锥形瓶,使滴定管尖稍伸进瓶口 1 cm 为宜,边滴定边摇动,使瓶内溶液混合均匀,反应及时完全。摇动时应作同一方向的圆周运动。开始滴定时,溶液滴加的速度可以稍快些,但也不能成流水状放出。滴定时,左手不要离开旋塞,并要注意观察滴定剂落点处周围颜色的变化,以判断终点是否临近。临近终点时,滴定速度要减慢,应一滴或半滴地滴加,滴一滴,摇几下,并以洗瓶吹入少量纯水洗锥形瓶内壁,使附着的溶液全部流下;然后再半滴半滴地滴加,直到溶液颜色发生明显的变化,迅速关闭旋塞,停止滴定,即为滴定终点。半滴的滴法是将旋塞稍稍转动,使有半滴溶液悬于管口,将锥形瓶与管口接触,使液滴流出,并用洗瓶以纯水冲下。

图 4-18　酸式滴定管操作　　　　图 4-19　碱式滴定管操作

碱式滴定管的滴定操作见图 4-19。左手拇指在前,食指在后,其余三指夹住出口管。用拇指与食指的指尖捏挤玻璃珠右侧的乳胶管,使胶管与玻璃珠之间形成一小缝隙,溶液即可流出。应当注意,不要用力捏玻璃珠,也不要使玻璃珠上下移动;不要捏挤玻璃珠下部胶管,以免空气进入而形成气泡;停止加液时,应先松开拇指和食指,然后才松开其余三指。

4.6.2　移液管和吸量管

移液管是用于准确移取一定量体积溶液的量出式量器,全称是“单标线吸量管”,习惯称为移液管。它是一根细长而中间膨大的玻璃管,见图 4-20(a)。管颈上部有一环形标线,膨大部分标有它的容积和标定时的温度。在标明的温度下,吸取溶液至弯月面与管颈的标线相切,再让溶液按一定的方式自由流出,则流出溶液的体积就等于管上所标示的容积。常用的移液管有 5 mL,10 mL,20 mL,25 mL,50 mL 等规格。

吸量管是用于准确移取不同体积的量器,全称是“分度吸量管”,它是带有分度线的玻璃管,见图 4-20(b)。分度线有的刻到管尖,有的只刻到离管尖 1~2 cm 处。有的零刻度在上,有的零刻度在下,使用时要注意分清。常见的吸量管有 1 mL,2 mL,5 mL,10 mL 等规格。

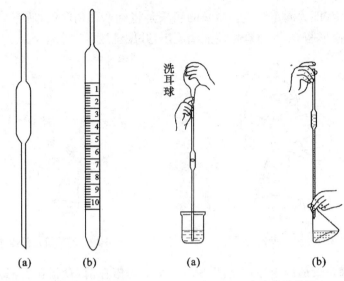

图 4-20　移液管和吸量管　　　　图 4-21　移液管的使用

(1)移液管和吸量管的洗涤:移液管和吸量管一般采用洗耳球吸取铬酸洗液洗涤,也可放在高型玻璃筒和量筒内用洗液浸泡,取出沥尽洗液后,用自来水冲洗,再用纯水润洗干净,润洗的水应从管尖放出。

(2)移液管和吸量管的使用:移取溶液前,用滤纸将尖端内外的水吸尽,否则因水滴引入会改变溶液的浓度。然后用要移取的溶液将移液管润洗 2～3 次。润洗的方法是用洗耳球吸取溶液刚入移液管的膨大部分(注意切勿让吸入的溶液部分流回盛溶液的容器内),立即用右手食指按住管口,将管横过来,用两手的拇指和食指分别拿住移液管的两端,转动移液管并使溶液布满全管内壁,当溶液流至距上口 2～3 cm 时,将管直立,使溶液由管尖弃去。

移取溶液时,一般用右手的拇指和中指拿住管颈标线的上方,其余二指辅助拿住移液管,将移液管插入液面以下 1～2 cm 处,若插入太深会使管外粘附过多的溶液,影响量取溶液的准确性,若插入太浅会产生吸空。左手拿洗耳球,把球内空气压出后将球的尖端紧按在移液管口,慢慢松开左手指使溶液吸入管内,如图 4-21(a)所示。移液管应随容器内液面的下降而下降。当管中液面上升到标线以上时,迅速移去洗耳球,立即用右手食指按住管口,将移液管提离液面,并将管的下部伸入溶液的部分,贴容器内壁转两圈,尽量除去管尖外壁粘附的溶液。然后将容器倾斜成 45°左右,竖直移液管,管尖紧贴容器内壁,略为放松食指并用拇指和中指轻轻转动移液管,让溶液慢慢顺壁流出,使液面平稳下降,直到溶液的弯月面下缘与标线相切时,立刻用食指压紧管口,使溶液不再流出。将移液管移至承接溶液的容器中,使管尖紧贴容器的内壁,移液管应呈竖直状态,承接容器(如锥形瓶)约成 45°倾斜。松开食指使溶液自由地沿壁流下,如图 4-21(b)所示,待溶液全部放完后,再等 15 s,取出移液管。管上未标有"吹"字的,切切勿把残留在管尖内的溶液吹入承接的容器中,因为校正移液管时,已经考虑了末端所保留溶液的体积。

用吸量管吸取溶液,基本与上述操作相同,但其移取溶液的准确度不如移液管。管上标有"吹"、"快"等字样,在使用它的全量程时,应将管尖残留的液滴也吹入承接容器中,这类吸量管的精度低些,但流速快,适用于仪器分析实验中加试剂,最好不要用于移取标准溶液。几次平行试验中,应尽量使用同一支吸量管的同一段,并尽量避免使用管尖收缩部分,以免带来误差。

4.6.3　容量瓶

容量瓶主要用于配制准确浓度的溶液或定量地稀释溶液,故它常与分析天平、移液管配套使用。容量瓶是一种细颈梨形的平底玻璃瓶,带有磨口玻璃塞或塑料塞。在其颈上有一标线,在指定温度下,当溶液充满至弯月液面下缘与标线相切时,所容纳的溶液体积等于瓶上标示的体积。常用的容量瓶有 10 mL,25 mL,50 mL,100 mL,250 mL,500 mL,1 000 mL 等规格。

(1)容量瓶的准备:使用容量瓶前应先检查是否漏水、标线位置离瓶口是否太近,漏水或标线太近则不宜使用。检漏时,加自来水至标线附近,盖好瓶塞,一手拿瓶颈标线以上部位,食指按住瓶塞,另一手指尖托住瓶底边缘,倒立 2 min。如不漏水,将瓶直立,转动瓶塞 180°,再倒立 2 min,如不漏水,即可使用。用橡皮筋将瓶塞系在瓶颈上,以免搞错或玷污。容量瓶应洗涤干净,洗涤方法和洗滴定管相同。

(2)容量瓶的使用:如果用固体物质(基准试剂或被测试样)配制溶液时,先将准确称取的固体物质于小烧杯中溶解后,再将溶液定量转移到预先洗净的容量瓶中,转移溶液的方法如图 4-22(a)所示,一手拿着玻棒,并将它伸入瓶中;一手拿烧杯,将烧杯嘴贴紧玻棒,慢慢倾斜烧杯,使溶液沿着玻棒流下,倾完溶液后,将烧杯嘴沿玻棒轻轻上提,同时将烧杯直立,使附在玻棒和烧杯嘴之间的液滴回到烧杯中,再用洗瓶以少量纯水洗烧杯 3～4 次,洗出液全部转入容量瓶中。然后用纯水稀释至容积 2/3 处时,旋摇容量瓶使溶液混合,但此时切勿倒转容量瓶。继续加水至标线以下约 1 cm,等待 1～2 min,使附在瓶颈内壁的溶液流下,最后用滴管或洗瓶从标线以上以内的一点沿壁缓缓加水直至弯月面下缘与标线相切。盖上干的瓶塞,左手捏住瓶颈标线以上部分,食指按住瓶塞,右手指尖托住瓶底边缘,将瓶倒转并摇动,如图 4-22(b),(c)所示。再倒转过来,使气泡上升到顶部,如此反复 10 次左右,使溶液充分混合均匀。

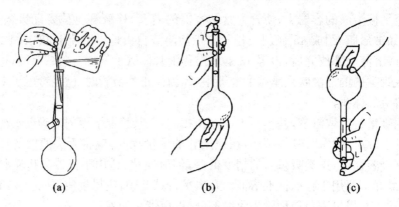

图 4-22　溶液定量转移及混匀操作示意图

如果用容量瓶稀释溶液,则用移液管吸取一定体积的溶液于容量瓶中,按上述方法加水稀释至标线,摇匀。

(3)使用容量瓶应注意的问题:

1)热溶液应冷至室温后,才能稀释至标线,否则会造成体积误差。

2)需避光的溶液应以棕色容量瓶配制。

3)不要用容量瓶长期存放溶液。如配好的溶液需要保存时,应转移到磨口试剂瓶中保存,试剂瓶要先用配好的溶液荡洗 2~3 次。

4)容量瓶使用完毕应立即用水冲洗干净。如长期不用,磨口处应洗净擦干,并用纸片将磨口隔开。

5)容量瓶和移液管、吸量管都是有刻度的精确玻璃量器,不得放在烘箱中烘烤。

实验 7　定量分析实验——天平称量

一、实验目的

(1)了解分析天平的构造。

(2)学习分析天平的基本操作。

(3)掌握固定称量和递减称量的方法,做到较熟练的使用天平。

二、实验原理

见本书的 4.5 节。

三、仪器及试剂

(1)仪器:半自动电光天平;台秤;称量瓶;小烧杯;三角烧瓶;牛角匙。

(2)试剂:固体 Na_2CO_3(供称量练习用)。

四、实验步骤

1. 固定质量称量法

称取 0.500 0 g Na_2CO_3 两份,称量方法如下:

(1)先在台秤上粗称洁净干燥的表面皿或小烧杯的质量,然后放到分析天平上准确称量其质量,记录称量读数。

(2)在天平的右盘增加 500 mg 砝(圈)码。

(3)用牛角匙将试样慢慢加到表面皿的中央,直到天平的平衡点与称量表面皿时的平衡点基本一致(误差范围≤±0.2 mg)。

(4)可以多练习几次,以表面皿加试样为起点,再增加 500 mg 砝码,继续加入试样,直到平衡为止。

2. 递减称量法

称取 0.3~0.4 g Na_2CO_3 3 份,称量方法如下:

(1)取一个洁净干燥的称量瓶,先在台秤上粗称其质量,加入约 1.2 g(即三倍的 0.4 g)Na_2CO_3。然后放在分析天平上准确称量其质量,并记录为 m_1。

(2)估计一下样品的体积。按照 4.5 中所述方法和图 4-10 所示操作,转移 0.3~0.4 g 样品(约总体积的 1/3)到第 1 个小烧杯中,称量并记录称量瓶和剩余样品的质量,记录为 m_2。

(3)按照同样的方法再转移 0.3~0.4 g(约剩余样品总体积的 1/2)到第 2 个小烧杯中,称量并记录称量瓶和剩余样品的质量,记录为 m_3。

(4)最后转移第 3 份样品,使其质量为 0.3~0.4 g,称量并记录称量瓶的质量为 m_4。

五、数据处理

1. 固定质量称量法

称量记录:表面皿的质量;表面皿＋Na_2CO_3 的质量。根据记录计算Na_2CO_3的质量。

2. 递减称量法

称量编号	第一份	第二份	第三份
称量瓶＋Na_2CO_3质量/g	$m_1 =$	$m_2 =$	$m_3 =$
	$m_2 =$	$m_3 =$	$m_4 =$
称出 Na_2CO_3 质量/g	$m_{s1} =$	$m_{s2} =$	$m_{s3} =$

六、问题讨论

(1)递减称量法和固定质量称量法需要调零点吗? 为什么?

(2)加减砝码、圈码和称量物时,为什么必须关闭天平?

(3)递减称量法称量过程中能否用小勺取样,为什么?

(4)在称量过程中,从投影屏上观察到标线已移至分度的右边,此时说明左盘重还是右盘重?

实验8　定量分析实验——滴定分析基本操作

一、实验目的

(1)训练滴定分析的基本操作和滴定管、移液管的使用技能。

(2)熟悉甲基橙和酚酞指示剂的应用,掌握判断滴定终点的方法。

(3)练习酸碱溶液的配制。

二、实验原理

浓 HCl 浓度不确定、易挥发,NaOH 不易制纯、在空气中易吸收 CO_2 和水分。因此,酸碱标准溶液要采用间接配制法配制,即先配制近似浓度的溶液,再用基准物质标定。

强酸 HCl 与强碱 NaOH 的滴定反应,pH 的突跃范围为 4~10,在这一范围内可选用甲基橙为指示剂(变色范围为 pH 3.1~4.4)。用 NaOH 滴定 HCl 溶液,终点颜色由橙色变为黄色。换用 HCl 溶液滴定 NaOH 溶液,终点颜色由黄色转变为橙色。也可选用酚酞作指示剂(变色范围为 pH 8~10),用 NaOH 滴定 HCl 溶液,终点颜色由无色转变为微红色,并保持 30 s 内不褪色。

甲基橙和酚酞变色的可逆性好,当浓度一定的 NaOH 和 HCl 相互滴定时,所消耗的体积比应是固定的。在使用同一指示剂的情况下,改变被滴溶液的体积,此体积比应基本不变,借此,可训练学生的滴定基本操作技术和正确判断终点的能力。通过观察滴定剂落点处周围颜色改变的快慢判断终点是否临近;临近终点时,要能控制滴定剂一滴一滴或半滴半滴地加入。

三、仪器及试剂

(1)仪器:台秤;50 mL 酸式滴定管;50 mL 碱式滴定管;25 mL 移液管;锥形瓶;试剂瓶;烧杯等。

(2)试剂:浓 HCl;固体 NaOH;酚酞(2 g·L^{-1}乙醇溶液);甲基橙(1 g·L^{-1}水溶液)。

四、实验步骤

1. 0.1 mol·L^{-1} HCl 和 0.1 mol·L^{-1} NaOH 溶液的配制

(1)0.1 mol·L⁻¹ HCl 溶液的配制：在通风橱内用洁净小量筒取浓 HCl 约 8.5 mL 倒入 1 000 mL 试剂瓶中，加水稀释至 1 000 mL，盖上玻璃塞，摇匀。

(2)0.1 mol·L⁻¹ NaOH 溶液的配制：用洁净小烧杯于台秤上称取 4.0 g 固体 NaOH，加适量水溶解，稍冷后转入 1 000 mL 试剂瓶，加水稀释至 1 000 mL，盖上橡皮塞，摇匀。

2.酸碱溶液相互滴定

(1)按 4.6 中所述方法准备好酸式和碱式滴定管各 1 支，分别用 5～10 mL HCl 和 NaOH 溶液润洗酸式和碱式滴定管 2～3 次。再分别装入溶液，排除气泡，调节液面至"0.00"。

(2)用 HCl 溶液滴定 NaOH 溶液：用碱式滴定管放出 20～25 mL NaOH 溶液于锥形瓶中，放出时以每分钟 10 mL 的速度，即每秒 3～4 滴，加入两滴甲基橙指示剂，用 0.1 mol·L⁻¹ HCl 溶液滴定至溶液由黄色变为橙色，记下读数。平行滴定 3 份。计算体积比 V_{HCl}/V_{NaOH}，要求相对偏差在±0.3% 以内。数据按下列表格记录。

(3)用 NaOH 溶液滴定 HCl 溶液：用移液管吸取 25.00 mL 0.1 mol·L⁻¹ HCl 溶液于锥形瓶中，加入 2～3 滴酚酞指示剂，在不断摇动下，用 0.1 mol·L⁻¹ NaOH 溶液滴定，当滴加的落点处周围红色褪去较慢时，表明临近终点，用洗瓶洗涤锥形瓶内壁，控制溶液一滴或半滴地滴出。滴定至溶液呈微红色，且半分钟不褪色即为终点，记下读数。平行滴定 3 份，要求 3 次之间所消耗的 NaOH 溶液的体积最大差值不超过±0.04 mL。数据按下列表格记录。

五、数据处理

1.用 HCl 溶液滴定 NaOH 溶液

平行实验	1	2	3
HCl 溶液的终读数/mL			
HCl 溶液的初读数/mL			
HCl 溶液的用量/mL			
NaOH 溶液的终读数/mL			
NaOH 溶液的初读数/mL			
NaOH 溶液的用量/mL			
V_{HCl}/V_{NaOH}			
平均值			
相对偏差/%			
相对平均偏差/%			

2.用 NaOH 溶液滴定 HCl 溶液

平行实验	1	2	3
移取 HCl 溶液体积/mL			
NaOH 溶液的终读数/mL			
NaOH 溶液的初读数/mL			
NaOH 溶液的用量/mL			
平均值/mL			
三次间 V_{NaOH} 最大绝对差值/mL			

六、注释

(1)不含 CO_3^{2-} 的 NaOH 溶液可用下列三种方法配制:

1)在台秤上用小烧杯称取较理论量稍多的 NaOH,用不含 CO_2 的纯水,迅速冲洗一次,以除去固体表面少量的 Na_2CO_3,溶解并定容。

2)制备 NaOH 的饱和溶液($500\ g \cdot L^{-1}$):由于浓碱中 Na_2CO_3 几乎不溶解,待 Na_2CO_3 下沉后,吸取上层清液,稀释至所需浓度。稀释用水一般是将纯水煮沸数分钟,再冷却。

3)在 NaOH 溶液中加入少量 $Ba(OH)_2$ 或 $BaCl_2$,CO_3^{2-} 就以 $BaCO_3$ 形式沉淀下来,取上层清液稀释至所需浓度。

(2)用 NaOH 溶液滴定 HCl 溶液,以酚酞作指示剂,终点为微红色,半分钟不褪色。如果经较长时间慢慢褪去,那是由于溶液中吸收了空气中的 CO_2 生成 H_2CO_3 所致。

七、问题讨论

(1)NaOH 和 HCl 标准溶液能否用直接配制法配制?为什么?

(2)配制酸碱标准溶液时,为什么用量筒量取 HCl,用台秤称取固体 NaOH,而不用吸量管和分析天平?

(3)标准溶液装入滴定管之前,为什么要用该溶液润洗滴定管 2~3 次?而锥形瓶是否也需先用该溶液润洗或烘干,为什么?

(4)滴定至临近终点时加入半滴的操作是怎样进行的?

第5章 酸碱滴定法

实验9 铵盐中氮含量的测定(甲醛法)

一、实验目的

(1)学会用基准物质标定标准溶液浓度的方法。

(2)了解弱酸强化的基本原理。

(3)掌握甲醛法测定铵态氮的原理和操作方法。

(4)掌握酸碱指示剂的选择原理。

二、实验原理

铵盐中 NH_4^+ 的酸性太弱($K_a = 5.6 \times 10^{-10}$),故无法用 NaOH 标准溶液直接滴定。一般生产和实验室常使用甲醛法测定铵盐中氮的含量。先将其与甲醛作用,定量生成六次甲基四胺盐和游离 H^+,反应式如下:

$$4NH_4^+ + 6HCHO \Longrightarrow (CH_2)_6N_4H^+ + 3H^+ + 6H_2O$$

生成的六次甲基四胺盐($K_a = 7.1 \times 10^{-6}$)和游离 H^+ 可用 NaOH 标准溶液直接滴定,以酚酞为指示剂,滴定至溶液呈现稳定的微红色即为终点。

三、仪器及试剂

(1)仪器:50 mL 碱式滴定管 1 支;250 mL 锥形瓶 3 个;分析天平(0.1 mg);烧杯等。

(2)试剂:NaOH 溶液:0.1 mol·L^{-1}(配制方法见实验9);邻苯二甲酸氢钾(基准试剂):在 100℃～125℃干燥 1 h 后,置于干燥器中备用;酚酞:2 g·L^{-1}乙醇溶液;甲基红:2 g·L^{-1}的 60%乙醇溶液或其钠盐水溶液;甲醛;$(NH_4)_2SO_4$样品。

四、实验步骤

1. NaOH 溶液浓度的标定

准确称取邻苯二甲酸氢钾 0.4～0.6 g 于锥形瓶中,加 40～50 mL 水溶解后,加 2～3 滴酚酞指示剂,用待标定的 NaOH 溶液滴定至溶液呈微红色,半分钟不褪色即为终点。平行标定 3 份,计算 NaOH 标准溶液浓度,其相对平均偏差不应大于 0.2%。

2.甲醛溶液的处理

甲醛中常含有微量甲酸,应预先除去,其方法为取原瓶装甲醛上层清液于烧杯中,用蒸馏水稀释 1 倍,加入酚酞指示剂 1~2 滴,用 NaOH 标准溶液滴定甲醛溶液呈现微红色。

3.$(NH_4)_2SO_4$ 样品中含氮量的测定

准确称取 $(NH_4)_2SO_4$ 样品(如果铵盐中含有游离酸,应事先中和除去,先加甲基红指示剂,用 NaOH 溶液滴定至黄色,然后再加入甲醛进行测定)1.3~2.0 g 于小烧杯中,用少量蒸馏水溶解后,定量转移至 250 mL 容量瓶中,用蒸馏水稀释至刻度,摇匀。用 25 mL 移液管移取三份该溶液于锥形瓶中,加入 10 mL (1+1)甲醛溶液和 1~2 滴酚酞,摇匀,放置 1 min 后,用 NaOH 标准溶液滴定至溶液呈微红色且半分钟不褪色即为终点。

五、数据处理

1.NaOH 溶液浓度的标定

平行实验	1	2	3
邻苯二甲酸氢钾质量/g			
NaOH 溶液的终读数/mL			
NaOH 溶液的初读数/mL			
NaOH 溶液的用量/mL			
$c_{NaOH}=\dfrac{\dfrac{m_{KHC_8H_4O_4}}{M_{KHC_8H_4O_4}}}{V_{NaOH}\times10^{-3}}/(mol \cdot L^{-1})$			
平均值/$(mol \cdot L^{-1})$			
相对平均偏差/%			

注:$M_{KHC_8H_4O_4}=204.23$ g $\cdot$ mol^{-1}。

2.$(NH_4)_2SO_4$ 样品中含氮量的测定

平行实验	1	2	3
$(NH_4)_2SO_4$ 样品质量 $m_样$/g			
$(NH_4)_2SO_4$ 溶液体积/mL			
NaOH 溶液的终读数/mL			
NaOH 溶液的初读数/mL			
NaOH 溶液的用量/mL			
$w_N = \dfrac{(cV)_{NaOH} \times M_N \times 10^{-3}}{m_样} \times 100\%$			
平均值/%			
相对平均偏差/%			

注：$M_N = 14.01 \text{ g} \cdot \text{mol}^{-1}$。

六、问题讨论

(1)除用邻苯二甲酸氢钾为基准物质标定 NaOH 溶液浓度外,还可用何种方法标定?

(2)本实验为什么用酚酞作指示剂? 能否用甲基橙作指示剂?

(3)$(NH_4)_2SO_4$ 能否用标准碱溶液来直接滴定? 为什么?

(4)为什么中和甲醛试剂中的甲酸以酚酞作指示剂,而中和铵盐试样中的游离酸则以甲基红作指示剂?

实验 10　工业纯碱总碱度的测定

一、实验目的

(1)掌握 HCl 标准溶液的配制、标定过程。

(2)掌握二元弱碱的滴定过程及指示剂的选择。

二、实验原理

工业纯碱的主要成分为碳酸钠,商品名为苏打,其中可能还含有少量 NaCl,Na_2SO_4,NaOH 及 $NaHCO_3$ 等成分。常以 HCl 标准溶液为滴定剂测定总碱度来衡量其产品质量。滴定反应为

$$Na_2CO_3 + 2HCl =\!\!= 2NaCl + H_2CO_3$$
$$NaHCO_3 + HCl =\!\!= NaCl + H_2CO_3$$
$$H_2CO_3 =\!\!= CO_2 + H_2O$$

反应产物 H_2CO_3 易形成过饱和溶液并分解为 CO_2 逸出。化学计量点溶液

pH 为 3.8～3.9,可选用甲基橙作指示剂,用 HCl 标准溶液滴定。试样中的 NaHCO₃ 同时被中和。

三、仪器及试剂

(1)仪器:分析天平(0.1 mg);50 mL 酸式滴定管 1 支;250 mL 容量瓶 1 个; 25 mL 移液管 1 支;250 mL 锥形瓶 3 个;250 mL 容量瓶 3 个;烧杯等。

(2)试剂:HCl 溶液:0.1 mol·L⁻¹(配制方法参见实验8);无水碳酸钠(基准物): 将无水 Na₂CO₃ 置于烘箱内,在 180℃ 下干燥 2～3 h;甲基橙:1.0 g·L⁻¹ 水溶液。

四、实验步骤

1.0.1 mol·L⁻¹ HCl 溶液的标定

准确称取基准无水 Na₂CO₃ 0.10～0.15 g 三份置于 250 mL 锥形瓶中,加入蒸馏水 20～30 mL 溶解,然后加入 1.0 g·L⁻¹ 甲基橙指示剂 1～2 滴,用待标定的 HCl 标准溶液滴定至溶液由黄色变为橙色即为滴定终点(近终点时,一定要充分摇动,以防形成过饱和溶液而使终点提前到达),平行标定 3 份。计算 HCl 标准溶液的浓度。

2.总碱度的测定

准确称取试样 2 g 置于烧杯中,加水约 30 mL 使其溶解,必要时可稍加热促使溶解。待冷却后,将溶液定量转入 250 mL 容量瓶中,用水稀释到刻度,摇匀。

准确移取碱灰试液 25.00 mL 置于锥形瓶中,加甲基橙指示剂 1～2 滴,用 HCl 标准溶液滴定至溶液由黄色变为橙色,即为滴定终点。平行滴定 3 份。计算试样中 Na₂O 的含量,即为总碱度,要求结果的相对平均偏差≤±0.5%。

五、数据处理

1. HCl 溶液浓度的标定

平行实验	1	2	3
基准 Na₂CO₃ 质量/g			
HCl 溶液的终读数/mL			
HCl 溶液的初读数/mL			
HCl 溶液的用量/mL			
$c_{HCl} = \dfrac{2\dfrac{m_{Na_2CO_3}}{M_{Na_2CO_3}}}{V_{HCl} \times 10^{-3}}/(mol \cdot L^{-1})$			
平均值/(mol·L⁻¹)			
相对平均偏差/%			

注:$M_{Na_2CO_3} = 105.99 \ g \cdot mol^{-1}$。

2.样品中总碱度的测定

平行实验	1	2	3
样品质量 $m_{样}$/g			
HCl 溶液的终读数/mL			
HCl 溶液的初读数/mL			
HCl 溶液的用量/mL			
$w_{Na_2O}=\dfrac{\frac{1}{2}(cV)_{HCl}M_{Na_2O}\times10^{-3}}{m_{样}\times\frac{25.00}{250.0}}\times100\%$			
平均值/%			
相对平均偏差/%			

注：$M_{Na_2O}=61.98$ g $\cdot$ mol^{-1}。

六、问题讨论

(1)为什么称取基准 Na_2CO_3 的质量为 0.10～0.15 g,写出计算公式。

(2)无水 Na_2CO_3 保存不当,吸收了 1% 的水分,用此基准物质标定 HCl 溶液浓度时,对其结果会产生何种影响?

(3)在以 HCl 溶液滴定时,怎样使用甲基橙及酚酞两种指示剂来判别试样是由 $NaOH$-Na_2CO_3 或 Na_2CO_3-$NaHCO_3$ 组成的?

实验 11　有机酸(草酸)摩尔质量的测定

一、实验目的

(1)了解基准物质邻苯二甲酸氢钾($KHC_8H_4O_4$)的应用。

(2)掌握有机酸摩尔质量的测定方法。

二、实验原理

有机弱酸与 NaOH 反应方程式为

$$nNaOH+H_nA\Longrightarrow Na_nA+nH_2O(测定时,n 值需已知)$$

对多元有机弱酸,当 $cK_a\geqslant10^{-8}$,其中 c 为酸的浓度,K_a 为酸的解离常数,且多元有机弱酸的 n 个氢均能被准确滴定时,即可用酸碱滴定法测定其摩尔质量。因滴定突跃在弱碱性范围,常选用酚酞作指示剂,滴定至终点时溶液呈微红色。根据 NaOH 标准溶液的浓度和滴定时所耗体积,可计算该有机酸的摩尔质

量,其计算公式如下:

$$M_A = \frac{n m_A}{c_B V_B}$$

式中,c_B 为 NaOH 标准溶液物质的量浓度,mol·L^{-1};V_B 为 NaOH 标准溶液的体积,L;m_A 为有机酸的质量,g;M_A 为有机酸的摩尔质量,g·mol^{-1}。

三、仪器及试剂

(1)仪器:分析天平(0.1 mg);50 mL 碱式滴定管 1 支;25 mL 移液管 1 支;250 mL 锥形瓶 3 个;1 000 mL 试剂瓶 1 个;100 mL 容量瓶 1 个。

(2)试剂:NaOH(A. R. 固体);邻苯二甲酸氢钾基准物质;酚酞指示剂:2 g·L^{-1}乙醇溶液;有机酸试样(如草酸、酒石酸、乙酰水杨酸等)。

四、实验步骤

1. 0.1 mol·L^{-1} NaOH 溶液的配制与标定(参见实验 9)

2. 有机酸(草酸)摩尔质量的测定

准确称取草酸试样 0.6 g 于小烧杯中(称取试样的质量按不同的有机酸进行估算),加蒸馏水溶解后,定量转入 100 mL 容量瓶中,用蒸馏水稀释至刻度,摇匀。用移液管平行移取 25.00 mL 溶液 3 份,分别置于 250 mL 锥形瓶中,加酚酞指示剂 2 滴,摇匀,用标准 NaOH 溶液滴定至由无色变为微红色,30 s 不褪色即为终点。根据公式计算有机酸的摩尔质量。

五、数据处理

1. NaOH 溶液浓度的标定

平行实验	1	2	3
称取 $KHC_8H_4O_4$ 的质量/g			
NaOH 溶液的终读数/mL			
NaOH 溶液的初读数/mL			
NaOH 溶液的用量/mL			
$c_{NaOH} = \dfrac{\frac{m_{KHC_8H_4O_4}}{M_{KHC_8H_4O_4}}}{V_{NaOH}}/(mol·L^{-1})$			
平均值/(mol·L^{-1})			
相对平均偏差/%			

注:$M_{KHC_8H_4O_4} = 204.23$ g·mol^{-1}。

2.有机酸摩尔质量的测定

平行实验	1	2	3
称取有机酸的质量 m_A/g			
移取试液体积/mL	25.00	25.00	25.00
NaOH 溶液的终读数/mL			
NaOH 溶液的初读数/mL			
NaOH 溶液的用量/mL			
有机酸摩尔质量 $M_A = \dfrac{nm_A \times 1\,000 \times \dfrac{25.00}{100.0}}{(cV)_{NaOH}}/(g \cdot mol^{-1})$			
平均值/$(g \cdot mol^{-1})$			
相对平均偏差/%			

六、问题讨论

(1)酒石酸等多元酸是否能用 NaOH 溶液分步滴定其中的 H^+？

(2)用 NaOH 滴定有机酸时能否使用甲基橙作为指示剂,为什么?

实验 12　食用醋中总酸度的测定

一、实验目的

(1)了解强碱滴定弱酸的滴定过程、突跃范围及指示剂的选择原理。

(2)掌握食用醋中总酸度的测定方法。

二、实验原理

食用醋的主要成分是醋酸(HAc),此外还含有少量其他弱酸如乳酸等。醋酸为有机弱酸($K_a = 1.8 \times 10^{-5}$),与 NaOH 反应式为 HAc + NaOH === NaAc + H_2O,反应产物为弱酸强碱盐,滴定突跃在碱性范围内,可选用酚酞等碱性范围变色的指示剂。实验过程中,不仅 HAc 与 NaOH 反应,食用醋中可能存在的其他形式的酸也与 NaOH 反应,因此测定的是总酸度,但计算结果常以含量多的醋酸 ρ_{HAc}(g·L^{-1})表示。

三、仪器及试剂

(1)仪器:50 mL 碱式滴定管 1 支;25 mL 移液管 1 支;250 mL 锥形瓶 3 个;250 mL 容量瓶 1 个;100 mL 烧杯 1 个。

(2)试剂:NaOH 溶液:0.1 mol·L^{-1}(待标定);邻苯二甲酸氢钾基准物质;酚酞指示剂:2 g·L^{-1}乙醇溶液;食用醋试液。

四、实验步骤

1.0.1 mol·L^{-1} NaOH 溶液的标定(参见实验 9)

2.食用醋总酸度的测定

准确移取食用醋 10.00 mL 于 250 mL 容量瓶中,用新煮沸并冷却的蒸馏水(配制食用醋溶液的蒸馏水必须是新煮沸的不含 CO_2 的水,否则会影响测定结果)稀释至刻度,摇匀。用 25 mL 移液管分别取 3 份上述溶液 25.00 mL 置于 250 mL 锥形瓶中,加入酚酞指示剂 2 滴,摇匀,用 NaOH 标准溶液滴定至由无色变为微红色,30 s 不褪色即为终点。根据 NaOH 标准溶液的用量,计算食醋的总酸度。

五、数据处理

平行实验	1	2	3
移取试液体积/mL	25.00	25.00	25.00
NaOH 溶液的终读数/mL			
NaOH 溶液的初读数/mL			
NaOH 溶液的用量/mL			
V_{NaOH}平均值/mL			
$\rho_{HAc} = \dfrac{(cV)_{NaOH}M_{HAc}}{10.00 \times \dfrac{25.00}{250.0}}/(g \cdot L^{-1})$			
相对平均偏差/%			

注:$M_{HAc}=60.05 \text{ g} \cdot \text{mol}^{-1}$。

六、问题讨论

(1)测定醋酸含量时,所用的蒸馏水为什么不能含 CO_2?

(2)测定食用醋中醋酸含量时,为什么选用酚酞为指示剂? 能否选用甲基橙或甲基红作指示剂?

实验 13　混合碱中各组分含量的测定——双指示剂法

一、实验目的

（1）了解多元弱碱滴定过程中溶液 pH 的变化和指示剂的选择。

（2）掌握 HCl 标准溶液的配制与标定方法。

（3）学会用双指示剂法测定混合碱中各组分的含量。

二、实验原理

混合碱一般是 Na_2CO_3 和 NaOH 或 Na_2CO_3 与 $NaHCO_3$ 的混合物，可采用双指示剂法判断混合碱的组成及测定各组分的含量。

在混合碱溶液中先加入酚酞指示剂，用 HCl 标准溶液滴定至红色刚消失，记下用去 HCl 的体积为 V_1，这时 NaOH 全部被中和，而 Na_2CO_3 仅被中和到 $NaHCO_3$，反应如下：

$$NaOH + HCl = NaCl + H_2O$$
$$Na_2CO_3 + HCl = NaHCO_3 + NaCl$$

向溶液中再加入甲基橙，继续用 HCl 滴定至橙红色，记下用去 HCl 的体积为 V_2，此时 $NaHCO_3$ 全被中和至 H_2CO_3，H_2CO_3 易形成过饱和溶液并分解为 CO_2 逸出，反应如下：

$$NaHCO_3 + HCl = NaCl + H_2O + CO_2 \uparrow$$

根据 V_1 和 V_2 可以判断出此混合碱的组成，并计算出各组分的含量。

当 $V_1 > V_2$ 时，试液为 Na_2CO_3 和 NaOH 的混合物，各组分含量为

$$w_{Na_2CO_3} = \frac{\frac{1}{2}c_{HCl}2V_2M_{Na_2CO_3}}{m_{样}} \times 100\%$$

$$w_{NaOH} = \frac{c_{HCl}(V_1 - V_2)M_{NaOH}}{m_{样}} \times 100\%$$

当 $V_1 < V_2$ 时，试液为 Na_2CO_3 与 $NaHCO_3$ 的混合物，各组分含量为

$$w_{Na_2CO_3} = \frac{c_{HCl}V_1M_{Na_2CO_3}}{m_{样}} \times 100\%$$

$$w_{NaHCO_3} = \frac{c_{HCl}(V_2 - V_1)M_{NaHCO_3}}{m_{样}} \times 100\%$$

如需要计算混合碱的总碱度，通常以 Na_2O 的含量表示总碱度，其计算式如下：

$$w_{Na_2O} = \frac{(V_1 + V_2)c_{HCl}M_{Na_2O}}{2m_{样}} \times 100\%$$

三、仪器及试剂

(1)仪器:50 mL 酸式滴定管 1 支;25 mL 移液管 1 支;250 mL 锥形瓶 3 个;1 000 mL 试剂瓶 1 个;分析天平(0.1 mg)。

(2)试剂:混合碱试样;浓 HCl;无水 Na_2CO_3 基准物质:将无水 Na_2CO_3 置于烘箱内,在 180℃下干燥 2～3 h;酚酞:2.0 g·L^{-1} 乙醇溶液;甲基橙:2.0 g·L^{-1} 水溶液。

四、实验步骤

1. 0.1 mol·L^{-1} HCl 溶液的配制与标定(参见实验 10)

2. 混合碱的测定

准确称取 0.2～0.3 g 混合碱 3 份,分别置于 3 个 250 mL 锥形瓶中,加入蒸馏水约 50 mL 使其溶解,必要时可稍加热促进溶解,加入酚酞指示剂 1～2 滴,用 HCl 标准溶液滴定至红色刚好消失,记录用去的 HCl V_1 mL,再加入甲基橙 1～2 滴,继续用 HCl 标准溶液滴定至溶液由黄色变为橙色(滴定到第一化学计量点时,由于易形成 CO_2 过饱和溶液,使溶液的酸度有所增大,导致终点出现过早,因此接近终点时应剧烈摇动溶液),所消耗 HCl 溶液的体积为 V_2 mL,平行测定 3 次,判断混合碱的组成,并计算混合碱中各组分的含量。

五、数据处理

1. HCl 溶液的标定

平行实验	1	2	3
Na_2CO_3 基准物质质量/g			
HCl 溶液的终读数/mL			
HCl 溶液的初读数/mL			
HCl 溶液的用量/mL			
$c_{HCl}=\dfrac{2\times\dfrac{m_{Na_2CO_3}}{M_{Na_2CO_3}}}{V_{HCl}}/(mol\cdot L^{-1})$			
平均值/(mol·L^{-1})			
相对平均偏差/%			

2.混合碱的测定

平行实验	1	2	3
混合碱质量/g			
V_1/mL			
V_2/mL			
$w_{Na_2CO_3}/\%$			
$w_{Na_2CO_3平均}/\%$			
相对平均偏差/%			
$w_{NaOH}/\%$			
$w_{NaOH平均}/\%$			
相对平均偏差/%			
$w_{NaHCO_3}/\%$			
$w_{NaHCO_3平均}/\%$			
相对平均偏差/%			

注:$M_{Na_2CO_3}=105.99\ g \cdot mol^{-1}$;$M_{NaHCO_3}=84.00\ g \cdot mol^{-1}$;$M_{NaOH}=40.00\ g \cdot mol^{-1}$。

六、问题讨论

(1)标定 HCl 的基准物质无水 Na_2CO_3 如果保存不当,吸收了少量水分,对标定 HCl 溶液的浓度有何影响?

(2)测定某一混合碱时,存在 $V_1<V_2$,$V_1>V_2$,$V_1=V_2$,$V_1=0$,$V_2=0$ 五种情况时,试判断样品组成。

实验 14　阿司匹林药片中乙酰水杨酸含量的测定

一、实验目的

(1)掌握酸碱滴定法测定阿司匹林药片中乙酰水杨酸含量的方法。

(2)进一步练习 HCl 和 NaOH 标准溶液的配制与标定。

二、实验原理

阿司匹林是一种常用的解热镇痛药,适用于感冒发热、神经痛、肌肉痛、关节疼痛及风湿痛、风湿性关节炎等。对于急性风湿性关节炎可迅速缓解症状。其

主要成分是乙酰水杨酸,为有机弱酸($pK_a=3.0$),分子结构为

$$\begin{array}{c} \text{COOH} \\ \text{OCOCH}_3 \end{array}$$

,摩尔质量为 180.16 g·mol^{-1},微溶于水,易溶于乙醇。在 NaOH 或 Na$_2$CO$_3$ 等强碱性溶液中溶解并分解为水杨酸(即邻羟基苯甲酸)和醋酸盐:

$$\begin{array}{c} \text{COOH} \\ \text{OCOCH}_3 \end{array} +3OH^- = \begin{array}{c} \text{COO}^- \\ \text{O}^- \end{array} +CH_3COO^- +2H_2O$$

由于乙酰水杨酸的 pK_a 较小,可以作为一元酸用 NaOH 溶液直接滴定,应在 10℃ 以下的中性冷乙醇介质中进行滴定,主要是为了防止乙酰基水解,但直接滴定法只适用于乙酰水杨酸纯品的测定,因为阿司匹林药片中一般都混有一定量赋形剂如淀粉、硬脂酸镁等不溶物,在冷乙醇中不易溶解完全,不宜直接滴定,可采用返滴定法进行测定。将药片研磨成粉状后加入过量的 NaOH 标准溶液,加热一定时间使乙酰基水解完全,再用 HCl 标准溶液回滴过量的 NaOH,以酚酞的粉红色刚刚消失为终点。在这一滴定中,1 mol 乙酰水杨酸消耗 2 mol NaOH。

三、仪器及试剂

(1)仪器:分析天平(0.1 mg);50 mL 酸式滴定管 1 支;25 mL 移液管 1 支;250 mL 锥形瓶 3 个;250 mL 容量瓶 1 个;100 mL 烧杯 1 个;表面皿 1 个;电炉 1 个;研钵 1 个。

(2)试剂:阿司匹林药片;浓 HCl;NaOH(A. R. 固体);邻苯二甲酸氢钾基准物质;无水 Na$_2$CO$_3$(基准试剂):将无水 Na$_2$CO$_3$ 置于烘箱内,在 180℃ 下干燥 2～3 h;酚酞指示剂:2.0 g·L^{-1} 乙醇溶液。

四、实验步骤

(1)配制 1 mol·L^{-1} 的 NaOH 标准溶液 500 mL,按照实验 9 标定其准确浓度。

(2)配制 0.1 mol·L^{-1} 的 HCl 标准溶液 500 mL,按照实验 10 标定其准确浓度。

(3)阿司匹林药片中乙酰水杨酸的测定:取阿司匹林药片,在研钵中研成粉末,准确称取 1.5 g 药粉置于烧杯中。用移液管准确加入 25.00 mL 1 mol·L^{-1} NaOH 标准溶液,加入少量的水,盖上表面皿,轻摇几下,水浴加热 15 min,迅速用自来水冷却,将烧杯中的溶液定量转移到 250 mL 容量瓶中,加蒸馏水稀释到刻度,摇匀。

准确移取上述溶液 25.00 mL 3 份分别置于 3 个 250 mL 锥形瓶中,加入酚

酞指示剂 1～2 滴,用 0.1 mol·L⁻¹ 的 HCl 标准溶液滴定至红色刚好消失即为终点。根据消耗的 HCl 标准溶液的体积计算药粉中乙酰水杨酸的含量(%)。

(4)NaOH 标准溶液与 HCl 溶液体积比的测定(该实验内容为空白试验,由于 NaOH 溶液在加热过程中会受空气中的 CO_2 影响,给测定造成一定的系统误差,可称为空白值,通过测定与样品相同条件的两种溶液的体积比可扣除空白):用移液管准确移取 25.00 mL 1 mol·L⁻¹ NaOH 标准溶液于 250 mL 容量瓶中,加蒸馏水稀释到刻度,摇匀。移取上述 NaOH 溶液 25.00 mL 置于 250 mL 锥形瓶中,在与测定药粉相同的实验条件下进行加热、冷却和滴定。平行测定 3 份,计算 V^o_{HCl}/V^o_{NaOH} 值。

五、数据处理

平行实验	1	2	3
药品质量 $m_{样}$/g			
移取试液体积/mL	25.00	25.00	25.00
HCl 溶液的终读数/mL			
HCl 溶液的初读数/mL			
HCl 溶液的用量/mL			
乙酰水杨酸的含量= $\dfrac{\frac{1}{2}\left[(cV)_{NaOH}-(cV)_{HCl}\dfrac{V^o_{HCl}}{V^o_{NaOH}}\right]}{m_{样}\times\dfrac{25.00}{250.0}}\times100\%$			
平均值/%			
相对平均偏差/%			

六、问题讨论

(1)测定药片的实验中,用 HCl 返滴后,水解产物的存在形式是什么?

(2)实验过程中为什么做空白实验?

(3)测定药片中乙酰水杨酸的含量能否采用直接滴定法?

实验 15　矿石中 P_2O_5 含量的测定

一、实验目的

(1)了解和学习矿石等实际样品酸溶分解的预处理方法。

(2)学习沉淀分离、过滤等基本操作。

(3)了解微量磷的酸碱滴定测定方法。

二、实验原理

钢铁和矿石等试样中的磷可采用酸碱滴定法进行测定。在硝酸介质中,磷酸与喹钼柠酮试剂反应,生成黄色沉淀:

$$PO_4^{3-}+12MoO_4^{2-}+3C_9H_7N+27H^+ \Longrightarrow H_3PO_412MoO_3(C_9H_7N)_3\downarrow(黄)+12H_2O$$

沉淀过滤之后,用水洗涤,然后将沉淀溶解于过量的 NaOH 标准溶液中,溶解反应为

$$H_3PO_412MoO_3(C_9H_7N)_3\downarrow+27OH^- \Longrightarrow PO_4^{3-}+12MoO_4^{2-}+3C_9H_7N+15H_2O$$

过量的 NaOH 再用 HCl 标准溶液返滴定,至百里酚蓝-酚酞混合指示剂由紫色变为淡黄色即为终点。

回滴时:$H^++PO_4^{3-} \Longrightarrow HPO_4^{2-}$,故 $1P_2O_5\sim2P\sim2H_3PO_4\sim2\times26NaOH$,则 P_2O_5 含量的计算公式为

$$w_{P_2O_5}=\frac{\frac{1}{52}[(c_1V_{1NaOH}-c_1V_{1HCl})-(c_2V_{2NaOH}-c_2V_{2HCl})]M_{P_2O_5}}{m_样\times1\,000}\times100\%$$

式中,$m_样$ 为矿样质量;c_2V_{2NaOH} 和 c_2V_{2HCl} 分别为空白时的 NaOH 和 HCl 物质的量。由于磷的化学计量数比(1:26)很小,本方法可用于微量磷的测定。

三、仪器及试剂

(1)仪器:漏斗 2 个;漏斗架;滤纸;250 mL 烧杯 2 个;500 mL 烧杯 2 个;玻璃棒 2 根;表面皿 2 个;50 mL 碱式滴定管 1 支;电炉;台秤;分析天平(0.1 mg)。

(2)试剂:

1)喹钼柠酮试剂:

溶液 A:称取 70 g 钼酸钠溶于 150 mL 热水中;

溶液 B:称取 60 g 柠檬酸,溶于含 85 mL HNO₃ 和 150 mL 水的溶液中;

溶液 C:在不断搅拌条件下将溶液 A 加入溶液 B 中。

喹钼柠酮试剂:取 5 mL 喹啉,加入含 35 mL HNO₃ 和 100 mL 水的溶液中,冷却后,在不断搅拌条件下,缓慢地加入到溶液 C 中,放置 24 h 后过滤,于滤液中加入 280 mL 丙酮,用水稀释至 1 000 mL,搅匀。

2)盐酸溶液(0.5 mol·L⁻¹)及浓盐酸(A.R.)。

3)氢氧化钠溶液(0.5 mol·L⁻¹)。

4)百里酚蓝-酚酞混合指示剂:百里酚蓝(1 g·L⁻¹)乙醇溶液与酚酞(1 g·L⁻¹)以 1+3 体积相混合。

5)邻苯二甲酸氢钾 $KHC_8H_4O_4$ 基准物质。

6)无水碳酸钠 Na_2CO_3 基准物质。

7)磷矿样(P_2O_5 含量为 30%～35%)。

四、实验步骤

1. 0.5 mol·L^{-1} NaOH 标准溶液的配制及标定(参见实验9)

2. 0.5 mol·L^{-1} HCl 标准溶液的配制及标定(参见实验10)

3. 样品中 P_2O_5 含量的测定

准确称取 0.100 0 g 矿样于 250 mL 烧杯中,加入 10～15 mL HCl 和 3～5 mL HNO_3,盖上表面皿,摇匀,放于电热板上加热,煮沸,待溶液蒸发至 3 mL 左右时,加入 10 mL(1+1) HNO_3,用水稀释至 100 mL,盖上表面皿,加热至沸。在不断搅拌条件下,加入 50 mL 喹钼柠酮试剂,生成 $H_3PO_4 12MoO_3(C_9H_7N)_3$ 沉淀。继续加热至微沸 1 min,取下烧杯,静置冷却后,用中速滤纸(带纸浆)过滤。用水洗涤烧杯和沉淀 8～10 次。将沉淀连滤纸转移至原烧杯中,加入 0.5 mol·L^{-1} NaOH 标准溶液 40.00 mL,搅拌溶解沉淀(注:应使 NaOH 标准溶液过量 5 mL 左右),加入百里酚蓝-酚酞混合指示剂 1 mL 后,用 0.5 mol·L^{-1} HCl 标准溶液回滴至溶液从紫色经灰色到淡黄色即为终点(注:同时做空白试液,空白可到淡黄色,试样可到灰色)。平行测定 3 份,计算 P_2O_5 的含量。

五、数据处理

1. NaOH 溶液浓度的标定

平行实验	1	2	3
邻苯二甲酸氢钾质量/g			
NaOH 溶液的终读数/mL			
NaOH 溶液的初读数/mL			
NaOH 溶液的用量/mL			
$c_{NaOH}=\dfrac{\dfrac{m_{KHC_8H_4O_4}}{M_{KHC_8H_4O_4}}}{V_{NaOH}\times10^{-3}}/(mol\cdot L^{-1})$			
平均值/(mol·L^{-1})			
相对平均偏差/%			

注:$M_{KHC_8H_4O_4}=204.23$ g·mol^{-1}。

2. HCl 溶液浓度的标定

平行实验	1	2	3
基准 Na$_2$CO$_3$ 质量/g			
HCl 溶液的终读数/mL			
HCl 溶液的初读数/mL			
HCl 溶液的用量/mL			
$c_{HCl}=\dfrac{2\dfrac{m_{Na_2CO_3}}{M_{Na_2CO_3}}}{V_{HCl}\times10^{-3}}/(mol\cdot L^{-1})$			
平均值/(mol·L^{-1})			
相对平均偏差/%			

注:$M_{Na_2CO_3}=105.99$ g·mol^{-1}。

3. 样品中 P$_2$O$_5$ 含量的测定

平行实验	1	2	3
样品质量 $m_样$/g			
HCl 溶液的终读数/mL			
HCl 溶液的初读数/mL			
HCl 溶液的用量/mL			
$w_{P_2O_5}=\dfrac{\dfrac{1}{52}\left[(c_1V_{1NaOH}-c_1V_{1HCl})-(c_2V_{2NaOH}-c_2V_{2HCl})\right]M_{P_2O_5}}{m_样\times1\ 000}\times100\%$			
平均值/%			
相对平均偏差/%			

注:$M_{P_2O_5}=141.95$ g·mol^{-1}。

六、问题讨论

(1)分解磷矿石时为什么用酸溶而不用碱溶?

(2)若需计算试样中 P 的质量分数,写出计算式。

实验 16 尿素中氮含量的测定

一、实验目的

(1)掌握甲醛法测定尿素中氮含量的原理和方法。

(2)了解尿素测定前的预处理方法。

二、实验原理

尿素 $CO(NH_2)_2$ 是一种高浓度氮肥,是固体氮肥中含氮量最高的。测定其中的含氮量,首先用浓硫酸进行消化转化为 $(NH_4)_2SO_4$,过量的 H_2SO_4 用 NaOH 标准溶液进行滴定,以甲基红作指示剂,滴定至溶液由红色变为黄色。$(NH_4)_2SO_4$ 中 NH_4^+ 的酸性太弱($K_a = 5.6 \times 10^{-10}$),故无法用 NaOH 标准溶液直接滴定来测定 $(NH_4)_2SO_4$ 中氮的含量,可将其与甲醛作用,定量生成质子化的六次甲基四胺和 H^+,反应式如下:

$$4NH_4^+ + 6HCHO \Longrightarrow (CH_2)_6N_4H^+ + 3H^+ + 6H_2O$$

生成的六次甲基四胺盐($K_a = 7.1 \times 10^{-6}$)和 H^+,可用 NaOH 标准溶液直接滴定。滴定终点产物为弱碱,应选用酚酞作为指示剂,滴定至溶液呈现微红色即为终点。反应如下:

$$(CH_2)_6N_4H^+ + 3H^+ + 4NaOH \Longrightarrow (CH_2)_6N_4 + 4H_2O + 4Na^+$$

三、仪器及试剂

(1)仪器:分析天平(0.1 mg);50 mL 碱式滴定管 1 支;25 mL 移液管 1 支;250 mL 锥形瓶 3 个;250 mL 容量瓶 1 个;100 mL 烧杯 1 个;100 mL 量筒 1 个;电炉 1 个。

(2)试剂:NaOH 溶液:0.1 $mol \cdot L^{-1}$;1:1 甲醛溶液;酚酞指示剂:2 $g \cdot L^{-1}$ 乙醇溶液;甲基红指示剂:2 $g \cdot L^{-1}$ 乙醇溶液;尿素试样。

四、实验步骤

1.0.1 $mol \cdot L^{-1}$ NaOH 溶液的配制与标定(参见实验 9)

2.甲醛溶液的处理

甲醛由于被空气氧化,溶液中常含有微量的酸,应先用碱液中和。取原装甲醛溶液倒入烧杯中,加水稀释一倍,加酚酞指示剂 1~2 滴,用 0.1 $mol \cdot L^{-1}$ NaOH 溶液滴定至甲醛溶液成淡红色。

3.尿素中含氮量的测定

准确称取尿素试样 1 g 于干燥的烧杯中,加入 6 mL 浓硫酸,盖上表面皿,在通风橱内小火加热至 CO_2 出现,直到溶液中无气泡后,继续用大火加热 1~2 min,自然冷却至室温,用洗瓶冲洗表面皿和烧杯壁。用 30 mL 蒸馏水稀释,并定量转移至 250 mL 容量瓶中,稀释至刻度,摇匀。

准确移取上述溶液 25.00 mL 3 份,分别置于 250 mL 锥形瓶中,加入 2~3 滴甲基红指示剂,用 NaOH 溶液中和过剩的硫酸。先滴加 2 $mol \cdot L^{-1}$ NaOH 溶液,将试液中和至溶液的颜色变淡,再继续用 0.1 $mol \cdot L^{-1}$ NaOH 中和至红色变为纯黄色。然后加入 1:1 甲醛溶液 10 mL,摇匀,放置 5 min,加 2~3 滴酚酞指示剂,用 0.1 $mol \cdot L^{-1}$ NaOH 标准溶液滴定至溶液由纯黄色变为微红色即为终点。根据 NaOH 标准溶液的消耗体积，计算试样中的含氮量。

五、数据处理

平行实验	1	2	3
称取尿素的质量 $m_{样}$/g			
移取试液体积/mL	25.00	25.00	25.00
NaOH 溶液的终读数/mL			
NaOH 溶液的初读数/mL			
NaOH 溶液的用量/mL			
$w_N = \dfrac{(cV)_{NaOH} \times \dfrac{M_N}{1\ 000}}{m_{样} \times \dfrac{25.00}{250.0}} \times 100\%$			
平均值/%			
相对平均偏差/%			

注：$M_N = 14.01\ \text{g} \cdot \text{mol}^{-1}$。

六、问题讨论

(1)用 NaOH 中和除去试样中的游离酸，能否用酚酞作指示剂？为什么？

(2)本实验中加入甲醛的目的是什么？

(3)NH_4NO_3，NH_4Cl 中的含氮量能否用甲醛法测定？

实验 17　酸碱滴定设计实验

一、实验目的

为了培养学生灵活运用所学理论及实验知识、独立分析和解决实际问题的能力，在做完基础实验的基础上，安排一些设计方案实验，由学生根据所学理论和实验知识，通过查阅有关文献，独立设计实验方案，然后进行讨论并交指导教师审阅后进行实验。针对具体的题目，可提出具体的要求。

二、实验要求

(1)设计方案应从几个方面考虑：

1)在能够达到准确度的前提下，以简单、方便、节省试剂为原则选择分析方法，尽量使用实验室已有的试剂等。

2)考虑分析试样的处理方法。

3)理论推断方法的可行性。

4)预习报告包括方法原理、所用的仪器与试剂、具体的实验步骤、实验数据的处理、实验中的注意事项、参考文献等。

（2）学生应查阅与实验相关的参考资料,在此基础上自拟分析方案,经教师审阅后进行实验工作,写出实验报告。

（3）分析方案应包括方法原理、滴定剂、标准溶液的配制及标定方法、指示剂的选择、终点颜色的变化、具体的实验步骤、所需仪器及分析结果的计算等。

三、酸碱滴定实验设计的基本思路

能否准确滴定的判别→设计方法的原理→所用的滴定剂→滴定产物→产物的 pH 值→选用何种指示剂→各组分含量的计算公式→终点误差分析。

四、实验方案设计选题参考

1.蛋壳中碳酸钙含量的测定

蛋壳的主要成分为 $CaCO_3$,另外含有少量的 $MgCO_3$。在研碎的蛋壳中首先加入过量已知准确浓度的 HCl 标准溶液,使其充分反应,然后用 NaOH 标准溶液返滴过量的 HCl,由二者消耗的物质的量的差值可计算出试样中 $CaCO_3$ 的近似含量。

2. KH_2PO_4-K_2HPO_4 混合物中二组分含量的测定

以酚酞为指示剂,用 NaOH 标准溶液滴定 $H_2PO_4^-$ 至 HPO_4^{2-}。以甲基橙为指示剂,用 HCl 标准溶液滴定 HPO_4^{2-} 至 $H_2PO_4^-$。

3. HCl-H_3BO_3 混合物中二组分含量的测定

以甲基红为指示剂,用 NaOH 标准溶液滴定 HCl 溶液至 NaCl。加入甘油或甘露醇强化,以酚酞为指示剂,用 NaOH 标准溶液滴定。

4.氨水-NH_4Cl 混合物中二组分含量的测定

以甲基红为指示剂,用 HCl 标准溶液滴定氨水至 NH_4^+。加入甲醛强化,以酚酞为指示剂,用 NaOH 标准溶液滴定。

5.饼干中 Na_2CO_3 与 $NaHCO_3$ 含量的测定

先加入酚酞指示剂,用 HCl 标准溶液滴定至红色刚消失,向溶液中再加入甲基橙,继续用 HCl 滴定至橙红色,根据消耗 HCl 的体积可计算出各自的含量。

6. HCl-NH_4Cl 混合物中二组分含量的测定

以甲基红为指示剂,用 NaOH 标准溶液滴定 HCl 溶液至 NaCl。加入甲醛强化,以酚酞为指示剂,用 NaOH 标准溶液滴定。

7. HAc-H_2SO_4 混合物中二组分含量的测定

首先测定总酸量,然后加入 $BaCl_2$ 将 H_2SO_4 沉淀析出,过滤、洗涤后,用络合滴定法测定 Ba^{2+} 的量。

第6章 配位滴定实验

实验 18 自来水总硬度的测定

一、实验目的

(1)掌握 EDTA 标准溶液的配制和标定方法。

(2)掌握 EDTA 法测定水的总硬度的原理和方法。

(3)掌握水硬度的表示方法及计算。

二、实验原理

水的硬度是表示水质的一个重要指标,不同类型的用水对硬度有不同的要求。所谓水的硬度是指水中各种可溶性钙盐和镁盐的含量,它包括暂时硬度和永久硬度。暂时硬度主要是指水中含钙、镁的酸式碳酸盐,加热能析出沉淀而除去;永久硬度是指钙、镁的硫酸盐、硝酸盐和氯化物,它们在加热时不沉淀。

水的总硬度的测定,一般采用 EDTA 配位滴定法。在 pH＝10 的氨性缓冲溶液中,以铬黑 T 为指示剂,用 EDTA 标准溶液直接测定水中 Ca^{2+},Mg^{2+} 总量,终点由紫红色变为纯蓝色。若有 Fe^{3+},Al^{3+} 干扰,可用三乙醇胺掩蔽,Cu^{2+},Pb^{2+},Zn^{2+} 等重金属离子可用 KCN,Na_2S 予以掩蔽。

滴定前:$EBT＋Mg^{2+}＝＝＝Mg\text{-}EBT$

  (蓝色)   (紫红色)

化学计量点前:$Ca^{2+}＋H_2Y^{2-}＝＝＝CaY^{2-}＋2H^+$

      $Mg^{2+}＋H_2Y^{2-}＝＝＝MgY^{2-}＋2H^+$

化学计量点:$Mg\text{-}EBT＋H_2Y^{2-}＝＝＝MgY^{2-}＋EBT＋2H^+$

   (紫红色)   (蓝色)

水的硬度有多种表示方法,我国目前采用两种表示方法:一种是以°为单位,1°表示 1 L 水中含 10 mg CaO(德国硬度);另一种是以 mmol · L^{-1}或 mg · L^{-1}($CaCO_3$)为单位表示水的硬度。＜4°为极软水,4°～8°为软水,8°～16°为中等水,16°～30°为硬水,＞30°为极硬水。生活用水＜25°。

EDTA 酸在水中溶解度较小,通常采用 EDTA 二钠盐配制其标准溶液。因市售的 EDTA 含有少量杂质而不能直接用做标准溶液,故采用间接法配制。常用 EDTA 标准溶液的浓度为 $0.01\sim0.05\ mol\cdot L^{-1}$。EDTA 溶液应储存在聚乙烯瓶或硬质玻璃瓶中。

标定 EDTA 的基准物质较多,含量不低于 99.95% 的某些金属如 Zn,Pb,Cu,Bi,Ni,以及它们的金属氧化物如 ZnO,或某些盐类如 $CaCO_3$,$MgSO_4\cdot7H_2O$,$ZnSO_4\cdot7H_2O$ 等。通常选用与被测组分相同的物质作基准物,可使标定条件与测定条件尽量一致,从而减小误差。

三、仪器及试剂

(1)仪器:分析天平(0.1 mg);50 mL 酸式滴定管;250 mL 锥形瓶;25 mL,50 mL 移液管;表面皿;250 mL 烧杯;滴管;10 mL 量杯;250 mL 容量瓶。

(2)试剂:$0.01\ mol\cdot L^{-1}$ EDTA 标准溶液(待标定);待测自来水样;NH_3-NH_4Cl 缓冲溶液;$CaCO_3$(s)基准试剂;1:1 HCl 溶液;$200\ g\cdot L^{-1}$ 三乙醇胺溶液;$20\ g\cdot L^{-1}$ Na_2S 溶液;$5.0\ g\cdot L^{-1}$ 铬黑 T 指示剂。

四、实验步骤

1. $0.01\ mol\cdot L^{-1}$ EDTA 标准溶液的配制

用台秤称取 1.0 g EDTA 二钠盐,用温热水溶解后,稀释至 250 mL,储存于聚乙烯塑料瓶中。

2. $0.01\ mol\cdot L^{-1}$ EDTA 标准溶液的标定

准确称取 $0.20\sim0.23$ g $CaCO_3$ 基准试剂于 250 mL 烧杯中,加少量蒸馏水润湿,盖上表面皿,慢慢滴加 1:1 HCl 溶液约 2 mL 使其溶解,加少量蒸馏水稀释,定量转移到 250 mL 容量瓶中,用水稀释至刻度,摇匀。

用 25 mL 移液管准确移取上述 $CaCO_3$ 基准试液于 250 mL 锥形瓶中,加入 10 mL NH_3-NH_4Cl 缓冲溶液及 EBT 指示剂 $2\sim3$ 滴,用待标定 EDTA 标准溶液滴定至纯蓝色即为终点,平行测定 3 次。

3. 自来水总硬度的测定

用 50 mL 移液管准确移取 100.0 mL 自来水样于 250 mL 锥形瓶中,加入 1 ~2 滴 HCl 使试液酸化,煮沸数分钟以除去 CO_2。冷却后加入 3 mL 三乙醇胺溶液,5 mL NH_3-NH_4Cl 缓冲溶液,1 mL Na_2S 溶液以掩蔽重金属离子,再加入 $3\sim4$ 滴 EBT 指示剂,用已标定 EDTA 标准溶液滴定至纯蓝色即为终点,平行测定 3 次。

五、数据处理

1. EDTA 标准溶液浓度的标定

平行实验	1	2	3
$CaCO_3$ 的质量 m_{CaCO_3}/g			
移取基准 $CaCO_3$ 试液的体积/mL			
EDTA 溶液的终读数/mL			
EDTA 溶液的初读数/mL			
EDTA 溶液的用量/mL			
$c_{EDTA}=\dfrac{\dfrac{m_{CaCO_3}}{M_{CaCO_3}}\times\dfrac{25.00}{250.0}}{10^{-3}\times V_{EDTA}}/(mol\cdot L^{-1})$			
平均值/$(mol\cdot L^{-1})$			
相对平均偏差/%			

注:$M_{CaCO_3}=100.09\ g\cdot mol^{-1}$。

2. 自来水总硬度的测定

平行实验	1	2	3
移取待测水样体积/mL	100.0	100.0	100.0
EDTA 溶液的终读数/mL			
EDTA 溶液的初读数/mL			
EDTA 溶液的用量/mL			
硬度$=\dfrac{(cV)_{EDTA}\times M_{CaO}}{V_{Water}}\times1\ 000/(mg\cdot L^{-1})$			
平均值/$(mg\cdot L^{-1})$			
相对平均偏差/%			

注:$M_{CaO}=56.08\ g\cdot mol^{-1}$。

六、注释

(1)测定水硬度时,标定 EDTA 标准溶液的基准物质一般选择 $CaCO_3$,可使标定条件与测定条件尽量一致,从而减小误差。

(2)自来水中 Fe^{3+},Al^{3+},Cu^{2+},Pb^{2+},Zn^{2+} 等共存离子的含量较低,不影响 Ca^{2+},Mg^{2+} 含量的测定,因此在实际测定中可不加三乙醇胺和 Na_2S 等掩蔽剂,直接用氨性缓冲溶液调节合适酸度进行滴定即可,其他水样则需掩蔽。

七、问题讨论

(1)在测定水的硬度时,先于三个锥形瓶中加水样,再同时加上 NH_3-NH_4Cl 缓冲溶液,然后再一份一份地滴定,结果会如何? 为什么?

(2)为什么 Mg^{2+}-EDTA 能够提高终点敏锐度? 加入 Mg^{2+}-EDTA 对测定结果有无影响?

实验 19　铋铅合金中铋、铅含量的测定

一、实验目的

(1)学会用控制酸度的方法进行金属离子的连续测定。

(2)掌握连续测定铋和铅含量的原理和方法。

(3)了解指示剂变色与酸度的关系,并能正确判断滴定终点。

二、实验原理

Pb^{2+} 和 Bi^{3+} 均能与 EDTA 形成稳定的 1:1 配合物,$\lg K_{BiY}=27.94$,$\lg K_{PbY}=18.04$,两者 $\lg K$ 相差很大,故可利用控制酸度的方法进行连续分别滴定。通常在 pH$=0.7\sim1$ 时测定 Bi^{3+},在 pH$=5\sim6$ 时测定 Pb^{2+}。

在 Pb^{2+} 和 Bi^{3+} 混合液中,首先用 HNO_3 调节溶液的 pH≈1,以二甲酚橙为指示剂,用 EDTA 标准溶液滴定 Bi^{3+} 至溶液由紫红色突变为亮黄色,即为测定 Bi^{3+} 的终点。然后加入六亚甲基四胺,调节溶液的 pH$=5\sim6$,此时 Pb^{2+} 与二甲酚橙形成紫红色配合物,继续用 EDTA 标准溶液滴定至溶液由紫红色变为亮黄色,即为滴定 Pb^{2+} 的终点。

三、仪器及试剂

(1)仪器:分析天平(0.1 mg);50 mL 酸式滴定管;250 mL 锥形瓶;25 mL 移液管;表面皿;250 mL 烧杯;滴管;10 mL 量杯;250 mL 容量瓶;洗耳球;洗瓶。

(2)试剂:0.01 mol·L^{-1} EDTA 标准溶液(待标定);200 g·L^{-1} 六亚甲基四胺溶液;2.0 g·L^{-1} 二甲酚橙溶液;含 Pb(约 40%)和 Bi(约 50%)的合金试样;1:1 HCl 溶液;5 mol·L^{-1} HNO_3 溶液;0.1 mol·L^{-1} HNO_3 溶液;纯 Zn 片。

四、实验步骤

1. 0.01 mol·L^{-1} EDTA 标准溶液的标定

准确称取基准物质纯 Zn 片 0.20$\sim$0.22 g 置于 250 mL 烧杯中,盖上表面皿,沿烧杯嘴缓慢加入 10 mL 1:1 HCl 溶液,待 Zn 片溶解后,用水冲洗表面皿

及烧杯内壁,定量转移到 250 mL 容量瓶中,定容后摇匀。

用 25 mL 移液管准确移取 Zn^{2+} 标准溶液置于 250 mL 锥形瓶中,加 2 滴二甲酚橙指示剂,滴加六亚甲基四胺溶液至溶液呈稳定的紫红色后,再加入 5 mL。用待标定的 EDTA 标准溶液滴定至溶液由紫红色变为亮黄色,即为终点,平行测定 3 次。计算 EDTA 标准溶液的浓度。

2.合金混合液的制备

准确称取 1.2 g 合金试样于 250 mL 烧杯中,加入 5 mol·L^{-1} HNO_3 溶液 20 mL,盖上表面皿,微沸溶解后,用水冲洗表面皿及烧杯内壁,定量转移到 250 mL 容量瓶中,用 0.1 mol·L^{-1} HNO_3 溶液稀释至刻度,摇匀作为待测试液。

3.Pb^{2+} 和 Bi^{3+} 混合液的测定

用 25 mL 移液管移取 Pb^{2+} 和 Bi^{3+} 混合液 25.00 mL 于 250 mL 锥形瓶中,加入 2 滴 2.0 g·L^{-1} 二甲酚橙指示剂,用 EDTA 标准溶液滴定至溶液由紫红色变为亮黄色,即为终点。根据滴定时消耗 EDTA 标准溶液的体积 V_1 计算混合液中 Bi^{3+} 的含量。

在滴定 Bi^{3+} 后的溶液中,滴加 200 g·L^{-1} 六亚甲基四胺溶液至溶液呈稳定的紫红色后(约 5 mL),再加入 5 mL。此时溶液的 pH 值为 5～6。再用 EDTA 标准溶液滴定至溶液由紫红色变为亮黄色,即为终点。根据滴定时消耗 EDTA 标准溶液的体积 V_2 计算混合液中 Pb^{2+} 的含量。

五、数据处理

(1)EDTA 标准溶液浓度的标定:

$$c_{EDTA} = \frac{\dfrac{m_{Zn}}{M_{Zn}} \times \dfrac{25.00}{250.0}}{10^{-3} \times V_{EDTA}} (mol \cdot L^{-1})$$

(2)Pb^{2+} 和 Bi^{3+} 混合液的测定:

$$c_{Bi^{3+}} = \frac{c_{EDTA} V_1}{V} (mol \cdot L^{-1}) \qquad c_{Pb^{2+}} = \frac{c_{EDTA} V_2}{V} (mol \cdot L^{-1})$$

六、注释

(1)合金试样中若含有锡,因形成沉淀,制备合金混合液时需进行过滤。

(2)因合金混合液是用 HNO_3 溶解,用 0.1 mol·L^{-1} HNO_3 溶液稀释,故测定铋时不必再加 0.1 mol·L^{-1} HNO_3 溶液。

七、问题讨论

(1)用于滴定 Pb^{2+} 和 Bi^{3+} 混合液的 EDTA 标准溶液,应用何种基准物质来标定? 为什么?

（2）滴定 Pb^{2+} 时要调节溶液 pH 值为 $5\sim6$，为什么加入六亚甲基四胺而不加入醋酸钠、氨水、强碱等调节？

（3）能否取等量混合溶液两份，一份控制 $pH\approx1.0$ 滴定 Bi^{3+}，另一份控制 pH 为 $5\sim6$ 滴定 Pb^{2+} 和 Bi^{3+} 总量？为什么？

实验 20　复方氢氧化铝药片中铝和镁含量的测定

一、实验目的

（1）掌握返滴定的原理和方法。

（2）掌握铝和镁含量的测定原理及方法。

（3）学会药物试样的采集和制备方法。

二、实验原理

复方氢氧化铝（又名胃舒平）是一种抗酸的胃药，其主要成分为氢氧化铝、三硅酸镁及少量颠茄流浸膏。其中铝和镁的含量可用 EDTA 为滴定剂进行测定。

复方氢氧化铝片的原料之一是氢氧化铝，药典要求按 Al_2O_3 计算。氢氧化铝可以用配位滴定法进行测定。由于 Al^{3+} 与 EDTA 的络合反应速度慢，对二甲酚橙等指示剂有封闭作用，且在酸度不高时会发生水解，因此采用返滴定法进行测定。首先加入过量的 EDTA 标准溶液，在 $pH=3\sim5$ 时煮沸溶液。络合完全后，冷却后再调节 pH 为 $5\sim6$，加入二甲酚橙作指示剂，剩余的 EDTA 用 Zn^{2+} 标准溶液滴定，由亮黄色变为紫红色即为终点。滴定反应可表示如下：

$$Al^{3+}+H_2Y^{2-}（准确过量）\!=\!\!=\!AlY^-+2H^+$$

$$H_2Y^{2-}（剩余）+Zn^{2+}\!=\!\!=\!ZnY^{2-}+2H^+$$

氢氧化铝片中的三硅酸镁，药典要求按氧化镁（MgO）计算。以铬黑 T 作指示剂，用 EDTA 直接滴定，反应为

滴定前：$EBT+Mg^{2+}\!=\!\!=\!Mg\text{-}EBT$

　　（蓝色）　　　　　（紫红色）

化学计量点前：$Mg^{2+}+H_2Y^{2-}\!=\!\!=\!MgY^{2-}+2H^+$

化学计量点：$Mg\text{-}EBT+H_2Y^{2-}\!=\!\!=\!MgY^{2-}+EBT+2H^+$

　　　　（紫红色）　　　　　　　　（蓝色）

三、仪器及试剂

（1）仪器：50 mL 酸式滴定管；250 mL 锥形瓶；25 mL 移液管；250 mL 烧杯；研钵；滴管；50 mL 量杯；250 mL 容量瓶；分析天平（0.1 mg）。

（2）试剂：$0.01\ mol\cdot L^{-1}$ EDTA 标准溶液（待标定）；复方氢氧化铝药片；

NH_3-NH_4Cl 缓冲溶液；$CaCO_3$(s)基准试剂；1∶1 HCl 溶液；200 g・L^{-1}三乙醇胺；200 g・L^{-1}六亚甲基四胺溶液；2.0 g・L^{-1}二甲酚橙指示剂。

四、实验步骤

1.试样处理

准确称取复方氢氧化铝片 10 片于研钵中，研成细粉末后混合均匀。准确称取药粉 0.5 g 于 250 mL 烧杯中，在不断搅拌下加入 1∶1 HCl 溶液 20 mL，加热煮沸 5 min，静置冷却，过滤，用蒸馏水洗涤沉淀数次，合并洗涤液，转移至 250 mL 容量瓶中，用蒸馏水稀释至刻度，摇匀备用。

2.0.01 mol・L^{-1} EDTA 标准溶液的标定(见实验 18)

3.Al_2O_3 的测定

移取滤液 5.0 mL，准确加入 0.01 mol・L^{-1} EDTA 标准溶液 25.00 mL，加入 2 滴二甲酚橙，滴加氨水至溶液呈紫红色，再滴加 HCl 至溶液呈红色，将溶液煮沸 3～5 min。冷却后加入 200 g・L^{-1}六亚甲基四胺溶液 10 mL，剩余的 EDTA 用 Zn^{2+} 标准溶液滴定，溶液由黄色变为紫红色即为终点。

4.镁的测定

移取上述滤液 25.00 mL，加入 200 g・L^{-1}三乙醇胺 15 mL，NH_3-NH_4Cl 缓冲溶液 5 mL，铬黑 T 指示剂 1～2 滴，用 0.01 mol・L^{-1} EDTA 标准溶液滴定，溶液由紫色转变为纯蓝色即为终点。

五、数据处理

(1)铝的测定：

$$w_{Al_2O_3} = \frac{1/2\left[(cV)_{EDTA} - (cV)_{Zn}\right] \times 10^{-3} M_{Al_2O_3}}{m_样 \times \dfrac{5.00}{250.0}} \times 100\%$$

(2)镁的测定：

$$w_{MgO} = \frac{(cV)_{EDTA} \times 10^{-3} M_{MgO}}{m_样 \times \dfrac{25.00}{250.0}} \times 100\%$$

六、注释

样品处理时，为了使测定结果有代表性，应取较多药片，研磨后分取。

七、问题讨论

(1)测定铝为什么不能采用直接滴定法？

(2)能否用 NH_4F 掩蔽 Al^{3+}，然后直接测定 Mg^{2+}？

实验 21　铜锡镍合金溶液中铜、锡、镍的连续测定

一、实验目的

(1)掌握置换滴定法的原理及方法。

(2)理解滴定过程中掩蔽剂和解蔽剂的使用方法。

(3)学会混合溶液测定结果的计算方法。

二、实验原理

铜、锡、镍都能与 EDTA 生成稳定的配合物,它们与 EDTA 的形成常数 lgK 分别为 18.80,22.11,18.62,相差不大,不能采用控制酸度的方法进行连续滴定,可采用置换滴定的方法进行测定。

取一份试液,首先向其中加入过量的 EDTA,加热煮沸 2～3 min,使 Cu, Sn,Ni 与 EDTA 完全络合。然后加入硫脲,因为 Cu 与硫脲络合物的稳定性远大于 Cu 与 EDTA 配合物的稳定性,因此可将与 Cu 络合的 EDTA 释放出来,而 Sn,Ni 与 EDTA 的配合物不受影响。用六次甲基四胺溶液调节 pH＝5～6,以二甲酚橙为指示剂,用锌标准溶液滴定全部的 EDTA(包括剩余的和 Cu 释放出来的)。然后加入 NH_4F,将与 Sn 配合的 EDTA 释放出来,再用锌标准溶液滴定至终点。

另取一份试液,用六次甲基四胺溶液调节 pH＝5～6,以二甲酚橙为指示剂,用锌标准溶液滴定过量的 EDTA。

三、仪器及试剂

(1)仪器:50 mL 酸式滴定管;250 mL 锥形瓶;25 mL 移液管;250 mL 烧杯;滴管;50 mL 量杯;洗耳球;250 mL 容量瓶;分析天平(0.1 mg)。

(2)试剂:0.01 mol·L^{-1} EDTA 标准溶液(待标定);0.01 mol·L^{-1} 锌标准溶液;硫脲饱和溶液;200 g·L^{-1}六次甲基四胺溶液;200 g·L^{-1} NH_4F 溶液;6 mol·L^{-1} HCl 溶液;2.0 g·L^{-1}二甲酚橙指示剂。

四、实验步骤

1.0.01 mol·L^{-1}锌标准溶液的配制

准确称取基准物质纯 Zn 片 0.16～0.17 g 于 100 mL 烧杯中,盖上表面皿,沿烧杯嘴缓慢加入 5 mL 6 mol·L^{-1} HCl 溶液,待 Zn 片完全溶解后,以蒸馏水冲洗表面皿及烧杯内壁,定量转移到 250 mL 容量瓶中,定容后混匀。计算锌标准溶液的浓度。

2. 0.01 mol·L^{-1} EDTA 标准溶液的标定

用 25 mL 移液管准确移取锌标准溶液 25.00 mL 于 250 mL 锥形瓶中,加 2 滴二甲酚橙指示剂,滴加六次甲基四胺溶液至溶液呈稳定的紫红色后,再加入 5 mL。用待标定的 EDTA 标准溶液滴定至溶液由紫红色变为亮黄色,即为终点,平行测定 3 次。计算 EDTA 标准溶液的浓度。

3. 合金溶液的配制

准确称取 1.5~2.0 g 合金试样,加入 10 mL 6 mol·L^{-1} HCl 溶液,滴加 2 mL 30% H_2O_2,加热使试样完全溶解后,再加热使 H_2O_2 分解除尽。冷却后,转移至 250 mL 容量瓶中,定容摇匀。

4. 合金溶液的测定

准确移取待测合金溶液 25.00 mL 2 份,分别置于 250 mL 锥形瓶中,准确加入 0.01 mol·L^{-1} EDTA 标准溶液 40.00 mL,加热煮沸 3~5 min,冷却至室温。

在一份上述溶液中滴加饱和硫脲溶液至蓝色褪尽再过量 5 mL,加六次甲基四胺溶液 20 mL,2 滴二甲酚橙指示剂,用 0.01 mol·L^{-1} 锌标准溶液滴至溶液由黄色变为紫红色即为终点,消耗锌标准溶液的体积为 V_1。加入 200 g·L^{-1} NH_4F 溶液 10 mL,摇匀放置片刻,试液又变为黄色。继续用锌标准溶液滴定至溶液由黄色变为紫红色即为终点,又消耗锌标准溶液的体积为 V_2。

在另一份上述溶液中,加六次甲基四胺溶液 20 mL,2 滴二甲酚橙指示剂,用 0.01 mol·L^{-1} 锌标准溶液滴至溶液由草绿色变为蓝紫色即为终点,消耗锌标准溶液的体积为 V_3。

五、数据处理

$$w_{Cu} = \frac{c_{Zn}(V_1-V_3)M_{Cu}\times10^{-3}}{m_{样}\times\dfrac{25.00}{250.0}}\times100\%$$

$$w_{Sn} = \frac{c_{Zn}V_2M_{Sn}}{m_{样}\times\dfrac{25.00}{250.0}}\times100\%$$

$$w_{Ni} = \frac{\left[(cV)_{EDTA}-c_{Zn}(V_1+V_2)\right]M_{Ni}}{m_{样}\times\dfrac{25.00}{250.0}}\times100\%$$

六、注释

(1)在合金中,各种元素的比例不尽相同,可根据具体情况配制合金试液。

(2)在第二份合金溶液中,因加入过量的 EDTA,EDTA 与 Cu 络合物的颜色为蓝色,二甲酚橙的颜色为黄色,所以终点前颜色为草绿色。到达滴定终点,二甲酚橙与锌络合为紫红色,因此终点颜色为蓝紫色。

七、问题讨论

(1)在合金溶液中加入硫脲的作用是什么？

(2)在合金溶液中加入 NH_4F 的作用是什么？加入 NH_4F 后溶液颜色为什么由红色变为黄色？

实验 22　钙制剂中钙含量的测定

一、实验目的

(1)掌握补钙制剂及其类似样品的溶解方法。

(2)进一步熟悉络合滴定的方法原理。

(3)掌握铬蓝黑 R 指示剂的应用条件及其终点判断方法。

二、实验原理

钙制剂一般用酸来溶解，并加入少量的三乙醇胺，以消除 Fe^{3+} 等离子的干扰，调节 $pH＝12\sim13$，以铬蓝黑 R 作指示剂，它与钙生成红色络合物，当用 EDTA 滴定至化学计量点时，游离出指示剂，使溶液呈现蓝色。

三、仪器及试剂

(1)仪器:分析天平(0.1 mg)；100 mL 烧杯；250 mL 容量瓶；25 mL 移液管；250 mL 锥形瓶。

(2)试剂:0.01 $mol \cdot L^{-1}$ EDTA 溶液；$CaCO_3$(s)；5 $mol \cdot L^{-1}$ NaOH；6 $mol \cdot L^{-1}$ HCl；200 $g \cdot L^{-1}$ 三乙醇胺；5.0 $g \cdot L^{-1}$ 铬蓝黑 R 乙醇溶液。

四、实验步骤

1.0.01 $mol \cdot L^{-1}CaCO_3$ 标准溶液的配制

准确称取 $CaCO_3$ 基准物质 0.25～0.3 g(于 110℃烘箱中干燥 2 h)，置于 100 mL 烧杯中，先用少量水润湿，再逐滴小心地加入 6 $mol \cdot L^{-1}$ HCl，至 $CaCO_3$ 完全溶解，然后将其定量转移至 250 mL 容量瓶中，以水稀释至刻度，摇匀，并计算其准确浓度。

2.0.01 $mol \cdot L^{-1}$ EDTA 标准溶液的标定

用移液管准确移取 25.00 mL $CaCO_3$ 标准溶液，置于 250 mL 锥形瓶中，加入 2 mL NaOH 溶液，铬蓝黑 R 乙醇溶液 2～3 滴，用待标定的 EDTA 标准溶液滴定至溶液由红色变为蓝色即为终点，平行测定 3 份。根据滴定所消耗的 EDTA 溶液的体积和 $CaCO_3$ 标准溶液的体积、浓度，计算 EDTA 标准溶液的浓度。

3.补钙制剂中钙的测定

准确称取葡萄糖酸钙 10 片(精确到 0.2 mg),置于 100 mL 烧杯中,加入 20 mL HCl,适当加热,冷至室温后过滤,洗涤烧杯和滤纸 3~5 次,将滤液定量转移至 250 mL 容量瓶中,用水稀释至刻度,摇匀。

用移液管移取上述溶液 25.00 mL 于锥形瓶中,加三乙醇胺 5 mL 和 NaOH 5 mL,摇匀,加铬蓝黑 R 指示剂溶液 3~4 滴,用 EDTA 标准溶液滴定至由红色变为蓝色即为终点,平行测定 3 次,记录所消耗 EDTA 标准溶液的体积。

五、数据处理

(1)钙的质量分数:

$$w_{Ca} = \frac{(cV)_{EDTA} \times 10^{-3} M_{Ca}}{m_{样} \times \dfrac{25.00}{250.0}} \times 100\%$$

(2)每片中钙的质量:

$$m = (cV)_{EDTA} \times 10^{-3} M_{Ca} / 10 (g)$$

六、注释

(1)钙制剂应根据钙含量的标示量,确定称量范围,本实验以葡萄糖酸钙为例。

(2)不同的钙制剂用酸溶解后,试样溶液的颜色略有不同,因此滴定终点的颜色也不同。

七、问题讨论

(1)根据你所掌握的知识,还能设计出其他测定钙制剂中钙的方法吗?

(2)简述铬蓝黑 R 的变色原理。

(3)计算钙制剂含钙量为 40% 左右的称样质量范围。

实验 23　保险丝中铅含量的测定

一、实验目的

(1)掌握保险丝的溶样方法。

(2)进一步了解掩蔽剂在配位滴定中的应用。

(3)掌握配位滴定测定铅含量的原理的方法。

二、实验原理

一般的保险丝主要成分为铅及少量的 Cu,Sb 等元素。用酸溶解后,在配合滴定中都能与 EDTA 形成配合物,我们在酸性溶液中采用硫脲掩盖 Cu,NH₄F 掩蔽 Sb,用六次甲基四胺调节试液 pH=5~6,以二甲酚橙为指示剂,用 EDTA 滴定可测定出铅的含量。

三、仪器及试剂

(1)仪器:50 mL 酸式滴定管;250 mL 锥形瓶;25 mL 移液管;250 mL 烧杯;表面皿;滴管;50 mL 量杯;洗耳球;250 mL 容量瓶;分析天平(0.1 mg)。

(2)试剂:0.01 mol·L^{-1} EDTA 标准溶液(待标定);0.01 mol·L^{-1}锌标准溶液;保险丝;200 g·L^{-1}六次甲基四胺溶液;2.0 g·L^{-1}二甲酚橙指示剂;200 g·L^{-1} NH$_4$F 溶液;1:1 HCl 溶液;Zn 片;5 mol·L^{-1} HNO$_3$ 溶液;饱和硫脲溶液。

四、实验步骤

1.0.01 mol·L^{-1}锌标准溶液的配制

准确称取基准物质纯 Zn 片 0.16~0.17 g 于 250 mL 烧杯中,盖上表面皿,沿烧杯嘴缓慢加入 5 mL 6 mol·L^{-1} HCl 溶液,待 Zn 片完全溶解后,以蒸馏水冲洗表面皿及烧杯内壁,定量转移到 250 mL 容量瓶中,定容后混匀。计算锌标准溶液的浓度。

2.0.01 mol·L^{-1} EDTA 标准溶液的标定

用 25 mL 移液管准确移取锌标准溶液于 250 mL 锥形瓶中,加 2 滴二甲酚橙指示剂,滴加六次甲基四胺溶液至溶液呈稳定的紫红色后,再加入 5 mL。用待标定的 EDTA 标准溶液滴定至溶液由紫红色变为亮黄色,即为终点,平行测定 3 次。计算 EDTA 标准溶液的浓度。

3.试样分析

准确称取保险丝试样 0.5 g,加 5 mol·L^{-1} HNO$_3$ 20 mL,加热微沸至溶解完全,冷却至室温,定量转入 250 mL 容量瓶中,用水稀释至刻度,摇匀。

移取上述试液 25.00 mL 于 250 mL 锥形瓶中,加入 200 g·L^{-1} NH$_4$F 溶液 5 mL,饱和硫脲溶液 10 mL,加热至 60℃~70℃,保温 2 min,冷却至室温,加入二甲酚橙 2~3 滴,滴加六次甲基四胺溶液,使溶液呈现稳定的紫红色,再过量 5 mL,用 0.01 mol·L^{-1} EDTA 标准溶液滴定至溶液由红色变为亮黄色即为终点,根据消耗 EDTA 的毫升数计算保险丝中铅的质量分数。

五、数据处理

$$w_{Pb} = \frac{(cV)_{EDTA} \times 10^{-3} M_{Pb}}{m_{样} \times \dfrac{25.00}{250.0}} \times 100\%$$

六、注释

滴加六次甲基四胺溶液时,当溶液呈现稳定的紫红色后,再过量 5 mL,是为了形成有效的缓冲溶液体系。

七、问题讨论

(1)溶解保险丝时可否采用 HCl 或 H_2SO_4 溶样,为什么?

(2)查阅保险丝的有关知识,并根据不同的保险丝成分设计分析方案。

实验 24　配位滴定设计实验

一、铝合金中铝含量的测定

铝的测定通常采用返滴定法,但返滴定法测铝缺乏选择性,所有能与 EDTA 形成稳定配合物的离子都会干扰。对于合金等复杂样品中的铝,往往采用置换滴定法以提高选择性。

二、焊锡中铅、锡的测定

试样需用盐酸和过氧化氢溶解。试样中含有微量铜、锌等杂质,加入邻菲罗啉可消除干扰。首先用返滴定法测得铅、锡总量,然后用置换滴定法测得锡的含量,由总量减去锡消耗的 EDTA,即可求得铅的含量。

三、黄铜中铜、锌含量的测定

试样用硝酸溶解。调至适宜酸度测定铜、锌合量。另取一份试样,加 KCN 掩蔽铜和锌,测定镁的含量,然后加甲醛解蔽锌,测得锌的含量。

四、Bi^{3+} -Fe^{3+} 混合液中 Bi^{3+} 和 Fe^{3+} 含量的测定

EDTA 与这两种离子所形成配合物的稳定程度相当,不能用控制酸度的方法进行分别测定。同一种离子低价态配合物的稳定性比高价态配合物的差,可用适当的还原剂还原 Fe^{3+} 进行掩蔽,然后分别测定。

五、锆英石中 ZrO_2 和 Fe_2O_3 含量的测定

锆英石需用适当方法进行熔样。EDTA 与这两种离子所形成配合物的稳定程度相当,不能用控制酸度的方法进行分别测定。同一种离子低价态配合物的稳定性比高价态配合物的差,可用适当的还原剂还原 Fe^{3+} 进行掩蔽,然后分别测定。

六、铅、铋和镉的合金分析

试样用硝酸溶解。首先控制不同的酸度测定铋的含量及铅、镉合量,然后采用置换滴定法测定镉的含量,最后得到铅的含量。

七、铜、锌和镁的合金分析

试样用硝酸溶解。调至适宜酸度测定铜、锌合量。另取一份试样,加 KCN 掩蔽铜和锌,测定镁的含量,然后加甲醛掩蔽锌,测得锌的含量。

第7章 氧化还原滴定实验

实验 25 过氧化氢含量的测定

一、实验目的

(1)掌握高锰酸钾溶液的配制与标定方法。

(2)掌握高锰酸钾法测定过氧化氢的原理和方法。

(3)了解高锰酸钾自身指示剂及自动催化的作用。

二、实验原理

双氧水中主要成分为 H_2O_2,其具有杀菌、消毒、漂白等作用,在工业、生物、医药等方面应用很广泛。市售商品一般为 30% 水溶液。H_2O_2 不稳定,常加入少量乙酰苯胺等作为稳定剂。H_2O_2 为两性物质,既可作为氧化剂又可作为还原剂。在稀硫酸溶液中,H_2O_2 在室温下能定量、迅速地被高锰酸钾氧化,因此,可用高锰酸钾法测定其含量,有关反应式为

$$2MnO_4^- + 5H_2O_2 + 6H^+ =\!=\!= 2Mn^{2+} + 5O_2\uparrow + 8H_2O$$

该反应在开始时比较缓慢,滴入的第一滴 $KMnO_4$ 溶液不容易褪色,待生成少量 Mn^{2+} 后,由于 Mn^{2+} 的催化作用,反应速度逐渐加快。化学计量点后,稍微过量的滴定剂 $KMnO_4$(约 10^{-6} $mol \cdot L^{-1}$)呈现微红色指示终点的到达。根据 $KMnO_4$ 标准溶液的浓度和滴定所消耗的体积,可算出试样中 H_2O_2 的含量。

$KMnO_4$ 溶液的浓度可用基准物质 As_2O_3、纯铁丝或 $Na_2C_2O_4$ 等标定。若以 $Na_2C_2O_4$ 标定,其反应式为

$$2MnO_4^- + 5C_2O_4^{2-} + 16H^+ =\!=\!= 2Mn^{2+} + 10O_2\uparrow + 8H_2O$$

三、仪器及试剂

(1)仪器:250 mL 容量瓶 1 个;500 mL 棕色试剂瓶 1 个;50 mL 酸式滴定管 1 支;400 mL 烧杯 1 个;称量瓶 1 个;250 mL 锥形瓶 3 个;1.0 mL,25 mL 移液管各 1 支;10 mL 量筒 1 个;分析天平(0.1 mg);加热装置 1 套;台秤 1 个。

(2)试剂:$Na_2C_2O_4$ 基准试剂:在 105℃～115℃条件下烘干 2 h 备用;$KMnO_4$(A.R.);H_2SO_4 溶液(3 $mol \cdot L^{-1}$);$MnSO_4$ 溶液(1 $mol \cdot L^{-1}$);H_2O_2(30%水溶液)。

四、实验步骤

1. 0.02 mol·L^{-1}KMnO$_4$标准溶液的配制

称量约 1.7 g KMnO$_4$固体于 400 mL 烧杯中,溶于适量水中,盖上表面皿,加热至沸并保持微沸状态 20~30 min。冷却后,在暗处放置 7~10 天。然后用玻璃砂芯漏斗或玻璃棉过滤除去沉淀物。滤液储存于洁净的棕色试剂瓶中,摇匀,放置暗处保存。若溶液煮沸后在水浴上保持 1 h,冷却后过滤,则不必放置 7~10 d,可立即标定其浓度。

2. 0.02 mol·L^{-1}KMnO$_4$标准溶液的标定

准确称取经烘干的分析纯 Na$_2$C$_2$O$_4$基准物 0.18~0.22 g(准至 0.1 mg)置于锥形瓶中,加入新煮沸并已冷却的蒸馏水 30 mL 使之溶解,再加 3 mol·L^{-1} H$_2$SO$_4$溶液 15 mL,在水浴中加热至 75℃~85℃(冒较多热气),立即用待标定的 KMnO$_4$溶液进行滴定。开始滴定的速度应当很慢,待溶液中产生 Mn^{2+}后,反应速度加快,可适当快滴,但仍必须是逐滴加入,直至溶液呈微红色并且 0.5 min 内不褪色即为终点。平行测定 3 次,根据称取的 Na$_2$C$_2$O$_4$质量和所消耗的 KMnO$_4$溶液的体积,计算 KMnO$_4$溶液的准确浓度。

3. 过氧化氢含量的测定

用移液管吸取 1.00 mL H$_2$O$_2$样品,置于 250 mL 容量瓶中,加水稀释至刻度,摇匀。吸取 25.00 mL 稀释液 3 份,分别置于 250 mL 锥形瓶中,各加 3 mol·L^{-1} H$_2$SO$_4$溶液 10 mL,用 KMnO$_4$标准溶液滴定至溶液呈浅红色,0.5 min 内不褪色即为终点,平行测定 3 次。计算样品中 H$_2$O$_2$的含量及相对平均偏差。

五、数据处理

1. KMnO$_4$标准溶液的标定

平行实验	1	2	3
倾出的 Na$_2$C$_2$O$_4$质量/g			
KMnO$_4$溶液的终读数/mL			
KMnO$_4$溶液的初读数/mL			
KMnO$_4$溶液的用量/mL			
$c_{KMnO_4} = \dfrac{\frac{2}{5} m_{Na_2C_2O_4} \times 1\,000}{M_{Na_2C_2O_4} \times V_{KMnO_4}}/(mol·L^{-1})$			
平均值/(mol·L^{-1})			
相对平均偏差/%			

注:$M_{CaCO_3} = 100.09$ g·mol^{-1}。

2.过氧化氢含量的测定

平行实验	1	2	3
移取待测样品体积/mL			
移取待测稀释样品体积/mL			
KMnO₄溶液的初读数/mL			
KMnO₄溶液的终读数/mL			
KMnO₄溶液的用量/mL			
$w_{H_2O_2}=\dfrac{\frac{5}{2}(cV)_{KMnO_4}\times M_{H_2O_2}\times 250.0}{25.00\times 1.00\times 1\,000}\times 100\%$			
平均值/%			
相对平均偏差/%			

六、注释

(1)KMnO₄溶液应装在酸式滴定管中,由于 KMnO₄溶液颜色很深,不易观察溶液的凹液面的最低点,因此,常从液面最高边缘处读数。

(2)适宜的反应温度为 70℃～80℃,不能用温度计去测量溶液温度,否则会产生误差。应根据经验:加热至瓶中开始冒气,手触瓶壁感觉烫手,瓶颈可以用手握住时即可。

(3)为加快开始的反应速率,可加 2 滴 1 mol·L⁻¹ MnSO₄溶液作为催化剂。

七、问题讨论

(1)标定 KMnO₄溶液时,若滴定速度过快,对结果有何影响? 有何现象出现?

(2)KMnO₄法滴定中常用什么作为指示剂,它是怎样指示滴定终点的?

(3)控制溶液酸度时为何不能用 HCl 或 HNO₃溶液?

(4)H₂O₂市售标签上注明其含量为 30%,但有时实验测定结果小于此值,为什么?

实验 26　高锰酸钾法测定石灰石中钙的含量

一、实验目的

(1)学习结晶形沉淀的制备及洗涤方法。

（2）掌握高锰酸钾法测定石灰石中钙含量的原理和方法。

（3）学习用间接滴定法测定物质中组分的含量。

二、实验原理

天然石灰石是工业生产中重要的原材料之一，它的主要成分是 $CaCO_3$，含氧化钙 $40\% \sim 50\%$，较好的石灰石含氧化钙 $45\% \sim 53\%$，此外还含有 SiO_2，Fe_2O_3，Al_2O_3 及 MgO 等杂质。石灰石中 Ca^{2+} 含量的测定主要采用配位滴定法和高锰酸钾法，前者比较简便但干扰也较多，后者干扰少、准确度高，但较费时。

用高锰酸钾法测定石灰石中的钙含量，首先将石灰石用盐酸溶解制成试液，然后将 Ca^{2+} 转化为 CaC_2O_4 沉淀，将沉淀过滤、洗净，用稀 H_2SO_4 溶解后，用 $KMnO_4$ 标准溶液间接滴定与 Ca^{2+} 相当的 $C_2O_4^{2-}$，根据 $KMnO_4$ 溶液的用量和浓度计算出试样中的钙含量。主要反应有：

$$CaCO_3 + 2HCl =\!=\!= CaCl_2 + H_2O + CO_2 \uparrow$$

$$Ca^{2+} + C_2O_4^{2-} =\!=\!= CaC_2O_4 \downarrow$$

$$CaC_2O_4 + 2H^+ =\!=\!= Ca^{2+} + H_2C_2O_4$$

$$2MnO_4^- + 5C_2O_4^{2-} + 16H^+ =\!=\!= 2Mn^{2+} + 10CO_2 \uparrow + 8H_2O$$

此法是根据 Ca^{2+} 与 $C_2O_4^{2-}$ 生成 $1:1$ 的 CaC_2O_4 沉淀。为使测定结果准确，必须控制一定的条件，以保证 Ca^{2+} 与 $C_2O_4^{2-}$ 有 $1:1$ 的关系。另外，为得到颗粒较大的晶型沉淀，以便于沉淀的过滤和洗涤，可采取如下措施：

（1）试液酸度控制在 $pH \approx 4$，酸度高时 CaC_2O_4 沉淀不完全，酸度低则会有 $Ca(OH)_2$ 或碱式草酸钙沉淀产生。

（2）采用在待测的含 Ca^{2+} 酸性溶液中加入过量的 $(NH_4)_2C_2O_4$（此时 $C_2O_4^{2-}$ 浓度很小，主要以 $HC_2O_4^-$ 形式存在，故不会有 CaC_2O_4 生成），再滴加稀氨水逐步中和以求缓慢地增大 $C_2O_4^{2-}$ 浓度的方法进行沉淀，沉淀完全后再稍加陈化，以使沉淀颗粒增大，避免穿滤。

（3）必须用冷水少量多次彻底洗去沉淀表面及滤纸上的 $C_2O_4^{2-}$ 和 Cl^-（这常是造成结果偏离的主要因素），但又不能用水过多，否则沉淀的溶解损失过大。

除碱金属离子外，多种离子对测定有干扰。若有大量的 Al^{3+} 或 Fe^{3+}，则应预先分离。少量 Al^{3+} 或 Fe^{3+} 的存在可加入柠檬酸铵进行掩蔽。如有 Mg^{2+} 存在，也能生成 MgC_2O_4 沉淀，但当有过量的 $C_2O_4^{2-}$ 存在时，Mg^{2+} 能形成 $[Mg(C_2O_4)_2]^{2-}$ 络离子而与 Ca^{2+} 分离，不干扰测定。

三、仪器及试剂

（1）仪器：分析天平（0.1 mg）；50 mL 酸式滴定管 1 支；250 mL 烧杯 1 个；称量瓶 1 个；250 mL 锥形瓶 3 个；25 mL，50 mL 移液管各 1 支；滴管 2 支；洗耳球

1个;50 mL,10 mL 量筒各1个;漏斗1个;表面皿1个;定性滤纸。

(2)试剂:$KMnO_4$ 标准溶液($0.02\ mol \cdot L^{-1}$);HCl 溶液($6\ mol \cdot L^{-1}$);H_2SO_4溶液($1\ mol \cdot L^{-1}$);$(NH_4)_2C_2O_4$ 溶液($0.25\ mol \cdot L^{-1}$);$NH_3 \cdot H_2O$ 溶液($3\ mol \cdot L^{-1}$);H_2O_2(30%水溶液);HNO_3($2\ mol \cdot L^{-1}$);柠檬酸铵溶液($100\ g \cdot L^{-1}$);$(NH_4)_2C_2O_4$ 溶液($1.0\ g \cdot L^{-1}$);$CaCl_2$溶液($0.5\ mol \cdot L^{-1}$);$1.0\ g \cdot L^{-1}$甲基橙指示剂。

四、实验步骤

1.$KMnO_4$ 标准溶液($0.02\ mol \cdot L^{-1}$)的配制及标定(见实验25)

2.试样的溶解

准确称取石灰石试样 $0.15\sim0.2\ g$ 置于 250 mL 烧杯中,滴加少量蒸馏水润湿试样,盖上表面皿,从烧杯嘴处慢慢滴入 $6\ mol \cdot L^{-1}$ HCl 溶液 $8\sim10$ mL,同时不断轻摇烧杯使试样溶解,待停止冒泡后,小火加热煮沸 2 min,冷却后用少量蒸馏水淋洗表面皿和烧杯内壁,使飞溅部分进入溶液。

3.CaC_2O_4沉淀的制备

在试样溶液中加入 5 mL 10%柠檬酸铵溶液(掩蔽其中的 Fe^{3+},Al^{3+})和 80 mL 去离子水,加入 2 滴甲基橙指示剂,此时溶液显红色,再加入 $15\sim20$ mL $0.25\ mol \cdot L^{-1}$$(NH_4)_2C_2O_4$,加热溶液至 $70℃\sim80℃$,在不断搅拌下以每秒 $1\sim2$ 滴的速度滴加 $3\ mol \cdot L^{-1}$氨水至溶液由红色变为黄色。将溶液热水浴 30 min,同时用玻璃棒搅拌,使沉淀陈化。

4.沉淀的过滤和洗涤

在漏斗上放好滤纸,做成水柱,待沉淀自然冷却至室温后用定性滤纸以倾泻法过滤。用冷的 0.1%$(NH_4)_2C_2O_4$溶液洗涤沉淀 $3\sim4$ 次,再用水洗涤至滤液中不含 $C_2O_4^{2-}$ 为止。在过滤和洗涤过程中尽量使沉淀留在烧杯中,应多次用水淋洗滤纸上部,在洗涤接近完成时,用小表面皿接取约 1 mL 滤液,加入数滴 0.5 mol $\cdot L^{-1}$ $CaCl_2$溶液,如无浑浊现象,证明已洗涤干净。

5.沉淀的溶解和 Ca^{2+} 含量测定

将带有沉淀的滤纸小心展开并贴在原贮沉淀的烧杯内壁上,用 50 mL 1 mol $\cdot L^{-1}$ H_2SO_4溶液分多次将沉淀冲洗到烧杯内,用水稀释至 100 mL,加热至 $75℃\sim85℃$后,用 $0.02\ mol \cdot L^{-1}$ $KMnO_4$标准溶液滴定至溶液呈粉红色,再将滤纸浸入溶液中,轻轻搅动,溶液褪色后再滴加 $KMnO_4$标液,直至粉红色在 30 s 内不褪色止即为终点,记录消耗 $KMnO_4$标准溶液的体积,计算试样中 Ca^{2+} 含量(以 CaO 的形式表示)。平行测定 3 次。

五、数据处理

平行实验	1	2	3
称量的样品质量 $m_样$/g			
$KMnO_4$ 溶液的初读数/mL			
$KMnO_4$ 溶液的终读数/mL			
$KMnO_4$ 溶液的用量/mL			
$w_{Ca}=\dfrac{\frac{5}{2}(cV)_{KMnO_4}\times M_{Ca}}{m_样\times 1\,000}\times 100\%$			
平均值/%			
相对平均偏差/%			

六、注释

(1)如果试样不能溶尽,可加热促进溶解。如果试样中酸不溶物较多且对分析精度要求又较高时,则应按碱熔法制取试液后分析。

(2)沉淀过程中应调节 pH 值为 3.5～4.5,使 CaC_2O_4 沉淀完全,而 MgC_2O_4 不沉淀。

(3)石灰石中含有少量 Mg^{2+},在沉淀 Ca^{2+} 的过程中,MgC_2O_4 以过饱和的形式保留于液相中。若陈化时间过长,尤其是冷却后再放置过久,则会发生MgC_2O_4 后沉淀而导致结果偏高。

(4)CaC_2O_4 在水中溶解度较大,沉淀应先用 0.1%$(NH_4)_2C_2O_4$ 洗涤,再用蒸馏水洗涤沉淀 3～4 次(每次约 10 mL),一直洗到过滤液中不含 $C_2O_4^{2-}$ 为止(用洁净的表皿接滤液少许,加 0.5 mol·L^{-1} 的 $CaCl_2$ 溶液数滴,无白色的CaC_2O_4 沉淀生成即可)。若要检测滤液中是否含有 Cl^{-},可用 $AgNO_3$ 试剂进行检验。

(5)在酸性溶液中滤纸也消耗 $KMnO_4$ 溶液,接触时间越长,消耗得越多,因此只能在滴定至终点前才能将滤纸浸入溶液中。

八、问题讨论

(1)沉淀 CaC_2O_4 时,为什么要采用先在酸性溶液中加入沉淀剂$(NH_4)_2C_2O_4$,而后滴加氨水中和的方法使沉淀析出?中和时为什么选用甲基橙指示剂来指示溶液的酸度?

(2)沉淀 CaC_2O_4 生成后为什么要陈化?

(3)CaC_2O_4 沉淀为什么先要用稀的$(NH_4)_2C_2O_4$ 溶液洗涤,然后再用蒸馏水洗?怎样判断沉淀已洗净?

(4)盛接滤液的烧杯是否应洗净？为什么？

(5)如果将CaC_2O_4沉淀和滤纸一起置于H_2SO_4溶液中加热后,再用$KMnO_4$标准溶液滴定,会产生什么影响？

实验 27　水样中化学耗氧量的测定

一、实验目的

(1)了解化学耗氧量的含义及测定方法。

(2)掌握高锰酸钾法测定 COD 的原理和方法。

二、实验原理

水样的耗氧量是环境水体质量及污水排放标准的控制项目之一,也是衡量水质污染程度的主要指标之一,它分为生物耗氧量(简称 BOD)和化学耗氧量(简称 COD)两种。BOD 是指微生物分解有机物质的生物化学氧化过程中所需要的溶解氧量;COD 是指在特定条件下,用强氧化剂处理水样时,水样中还原性物质所消耗的氧化剂的量,折算成每升水样全部被氧化后需要的氧的毫克数,以 $mg \cdot L^{-1}$ 表示,它反映了水中受还原性物质污染的程度。COD 也作为测定有机物相对含量的综合指标之一。水样中的化学耗氧量与测试条件有关,因此应严格控制反应条件,按规定的操作步骤进行测定。

测定化学耗氧量的方法有重铬酸钾法、酸性高锰酸钾法和碱性高锰酸钾法。重铬酸钾法是指在强酸性条件下,向水样中加入过量的 $K_2Cr_2O_7$,让其与水样中的还原性物质充分反应,剩余的 $K_2Cr_2O_7$ 以邻菲罗啉为指示剂,用硫酸亚铁铵标准溶液返滴定。根据消耗的 $K_2Cr_2O_7$ 溶液的体积和浓度,计算水样的耗氧量。氯离子干扰测定,可在回流前加硫酸银除去。该法适用于工业污水及生活污水等含有较多复杂污染物的水样的测定。其滴定反应式为

$$K_2Cr_2O_7 + 6Fe^{2+} + 14H^+ = 2Cr^{3+} + 6Fe^{3+} + 7H_2O + 2K^+$$

酸性高锰酸钾法测定水样的化学耗氧量是指在酸性条件下,向水样中定量加入过量的 $KMnO_4$ 标准溶液,加热溶液让水中有机物及还原性物质被 $KMnO_4$ 氧化,然后再向溶液中加入过量的 $Na_2C_2O_4$ 标准溶液还原多余的 $KMnO_4$,再用 $KMnO_4$ 标准溶液返滴定过量的 $Na_2C_2O_4$。根据 $KMnO_4$ 的浓度和水样所消耗的 $KMnO_4$ 溶液体积,计算水样的耗氧量。该法适用于污染不十分严重的地面水和河水等的化学耗氧量的测定。若水样中 Cl^- 含量较高,可加入 Ag_2SO_4 消除干扰,也可改用碱性高锰酸钾法进行测定。有关反应如下:

$$4MnO_4^- + 5C + 12H^+ = 4Mn^{2+} + 5CO_2 \uparrow + 6H_2O$$

$$2MnO_4^- + 5C_2O_4^{2-} + 16H^+ \Longrightarrow 2Mn^{2+} + 10CO_2\uparrow + 8H_2O$$

这里,C 泛指水中的还原性物质或耗氧物质,主要为有机物,高锰酸钾自身作指示剂。

三、仪器及试剂

(1)仪器:50 mL 酸式滴定管 1 支;400 mL 烧杯 1 个;250 mL 锥形瓶 3 个;10 mL,50 mL 移液管各 2 支;10 mL 量筒 1 个;电炉或其他加热器件 1 套。

(2)试剂:KMnO$_4$ 标准溶液(0.02 mol·L^{-1});Na$_2$C$_2$O$_4$ 标准溶液(0.05 mol·L^{-1});H$_2$SO$_4$ 溶液(6 mol·L^{-1})。

四、实验步骤

1.0.02 mol·L^{-1} KMnO$_4$ 标准溶液的配制与标定(见实验 25)

2.COD 的测定

移取 50.00 mL 水样于 250 mL 锥形瓶中,用蒸馏水稀至 100 mL,加入 5 mL 1:3 H$_2$SO$_4$,10.00 mL KMnO$_4$ 标准溶液,加热煮沸 10 min(溶液呈红色,否则就补加 KMnO$_4$),趁热加入 10.00 mL Na$_2$C$_2$O$_4$ 溶液(此时应为无色),并用 KMnO$_4$ 溶液滴至微红色 30 s 不变即可。若滴定温度低于 60℃,应加热至 60℃~80℃进行滴定。平行测定 3 次。另外取 50.00 mL 去离子水代替水样,重复上述操作,求出空白值。

五、数据处理

1.KMnO$_4$ 标准溶液浓度的标定

平行实验	1	2	3
倾出的 Na$_2$C$_2$O$_4$ 质量/g			
KMnO$_4$ 溶液的终读数/mL			
KMnO$_4$ 溶液的初读数/mL			
KMnO$_4$ 溶液的用量/mL			
$c_{KMnO_4} = \dfrac{\frac{2}{5}m_{Na_2C_2O_4} \times 1\,000}{M_{Na_2C_2O_4} \times V_{KMnO_4}}/(mol \cdot L^{-1})$			
平均值/(mol·L^{-1})			
相对平均偏差/%			

2.COD 的测定

平行实验	1	2	3
移取待测样品体积/mL			
移取的 $Na_2C_2O_4$ 体积/mL			
$KMnO_4$ 溶液的初读数/mL			
$KMnO_4$ 溶液的终读数/mL			
$KMnO_4$ 溶液的用量/mL			
$$COD=\frac{[5c_{KMnO_4}(10.00+V_{KMnO_4})-2c_{Na_2C_2O_4}V_{Na_2C_2O_4}]\times8}{V_{样}\times1\,000}$$ $/(O_2,mg\cdot L^{-1})$			
平均值/$(mg\cdot L^{-1})$			
相对平均偏差/%			

六、注释

(1)水样取后应立即进行分析,如需放置,可加入少量硫酸铜固体以抑制生物对有机物的分解。

(2)取水样的量视水质污染程度而定。污染严重的水样应取 10~20 mL,加蒸馏水稀释后测定。

(3)经验证明,控制加热时间比较重要,煮沸 10 min,要从冒第一个大气泡开始计时,否则结果精密度差。

(4)若水样为工业污水,则需用重铬酸钾法测定其化学耗氧量,记作 COD_{Cr}。

七、问题讨论

(1)水样中加入 $KMnO_4$ 溶液煮沸后,若紫红色褪去,说明什么? 应怎样处理?

(2)水样的化学耗氧量的测定有何意义?

(3)水样中氯离子的含量高时,为什么对测定有干扰? 如何消除?

实验 28　铜合金中铜含量的间接碘量法测定

一、实验目的

(1)掌握 $Na_2S_2O_3$ 溶液的配制及标定方法。

(2)了解间接碘量法测定铜的原理。

(3)学习铜合金试样的分解方法。

二、实验原理

铜合金种类较多,主要有黄铜和青铜。铜合金中铜的含量一般采用碘量法测定。在弱酸性溶液中(pH=3~4),Cu^{2+}与过量的 KI 作用,生成 CuI 沉淀和 I_2,析出的 I_2 可以淀粉为指示剂,用 $Na_2S_2O_3$ 标准溶液滴定。有关反应如下:

$$2Cu^{2+}+4I^-\!\!=\!\!=\!\!2CuI\downarrow+I_2$$
$$2Cu^{2+}+5I^-\!\!=\!\!=\!\!2CuI\downarrow+I_3^-$$
$$I_2+2S_2O_3^{2-}\!\!=\!\!=\!\!2I^-+S_4O_6^{2-}$$

Cu^{2+} 与 I^- 之间的反应是可逆的,任何引起 Cu^{2+} 浓度减小(如形成配合物等)或引起 CuI 溶解度增大的因素均使反应不完全,加入过量 KI,可使 Cu^{2+} 的还原趋于完全。但是,CuI 沉淀强烈吸附 I_3^-,又会使结果偏低。通常的办法是在近终点时加入硫氰酸盐,将 CuI($K_{sp}=1.1\times10^{-12}$)转化为溶解度更小的 CuSCN 沉淀($K_{sp}=4.8\times10^{-15}$)。在沉淀的转化过程中,吸附的碘被释放出来,从而被 $Na_2S_2O_3$ 溶液滴定,使分析结果的准确度得到提高。

硫氰酸盐应在接近终点时加入,否则 SCN^- 会还原大量存在的 I_2,致使测定结果偏低。另一方面,SCN^- 也有可能直接将 Cu^{2+} 还原为 Cu^+,致使计量关系发生变化,有关的反应式如下:

$$CuI+SCN^-\!\!=\!\!=\!\!CuSCN\downarrow+I^-$$
$$6Cu^{2+}+7SCN^-+4H_2O\!\!=\!\!=\!\!6CuSCN\downarrow+SO_4^{2-}+CN^-+8H^+$$

溶液的 pH 值应控制在 3.0~4.0 之间。酸度过低,Cu^{2+} 易水解,使反应不完全,结果偏低,而且反应速率慢,终点拖长;酸度过高,则 I^- 被空气中的氧氧化为 I_2(Cu^{2+} 催化此反应),使结果偏高。

Fe^{3+} 能氧化 I^-,对测定有干扰,可加入 NH_4HF_2 掩蔽。NH_4HF_2(即 $NH_4F\cdot HF$)是一种很好的缓冲溶液,因 HF 的 $K_a=6.6\times10^{-4}$,故能使溶液的 pH 值保持在 3.0~4.0 之间。

三、仪器及试剂

(1)仪器:50 mL 碱式滴定管 1 支;400 mL 烧杯 1 个;250 mL 锥形瓶 3 个;10 mL,25 mL 移液管各 1 支;10 mL,100 mL 量筒各 1 个;分析天平(0.1 mg);电炉或其他加热器件 1 套;台秤。

(2)试剂:$K_2Cr_2O_7$ 标准溶液($c_{\frac{1}{6}K_2Cr_2O_7}=0.1$ mol·L^{-1});$Na_2S_2O_3$ 溶液(0.1 mol·L^{-1});H_2SO_4 溶液(1 mol·L^{-1});KI 溶液(200 g·L^{-1});淀粉溶液(5.0 g·L^{-1});NH_4SCN 溶液(1 mol·L^{-1});H_2O_2(30%);HCl(6 mol·L^{-1});NH_4HF_2(4 mol·L^{-1});HAc(7 mol·L^{-1},即 1+1);氨水(7 mol·L^{-1},即 1+1);铜合金试样。

四、实验步骤

1. $Na_2S_2O_3$ 溶液的配制与标定

称取 12.5 g $Na_2S_2O_3$ · $5H_2O$ 于烧杯中，加入 200 mL 新煮沸并冷却的蒸馏水，溶解后加入约 0.05 g Na_2CO_3，用新煮沸并冷却的蒸馏水稀释至 500 mL，贮存于棕色试剂瓶中，暗处放置 3～5 d 待标定。

准确移取 25.00 mL $K_2Cr_2O_7$ 标准溶液于锥形瓶中，加入 5 mL 6 mol · L^{-1} HCl 溶液，5 mL 200 g · L^{-1} KI 溶液，摇匀，在暗处放置 5 min（让其反应完全）后，加入 100 mL 蒸馏水，用待标定的 $Na_2S_2O_3$ 溶液滴定至淡黄色，然后加入 2 mL 5.0 g · L^{-1} 淀粉指示剂，继续滴定至溶液呈现亮绿色即为终点。平行标定 3 次，计算 $c_{Na_2S_2O_3}$。

2. 铜合金中铜含量的测定

准确称取黄铜试样（质量分数为 80％～90％）0.10～0.15 g，置于 250 mL 锥形瓶中，加入 10 mL（1＋1）HCl 溶液，滴加约 2 mL 30％ H_2O_2，加热使试样溶解完全后，继续加热使 H_2O_2 完全分解，然后煮沸 1～2 min。冷却后，加 60 mL 水，滴加（1＋1）NH_3 · H_2O 溶液直到溶液中刚刚有沉淀出现，然后加入 8 mL（1＋1）HAc，10 mL NH_4HF_2 缓冲溶液，10 mL KI 溶液，用 0.1 mol · L^{-1} $Na_2S_2O_3$ 溶液滴定至浅黄色。再加 3 mL 5.0 g · L^{-1} 淀粉指示剂，滴定至浅蓝色后，加入 10 mL NH_4SCN 溶液，继续滴定至蓝色消失。平行测定 3 次，根据滴定所消耗的标准 $Na_2S_2O_3$ 溶液的体积计算 Cu 的含量。

五、数据处理

平行实验	1	2	3
（称量瓶＋样品）质量（倾样前）/g			
（称量瓶＋样品）质量（倾样后）/g			
样品质量 $m_样$/g			
$Na_2S_2O_3$ 溶液的初读数/mL			
$Na_2S_2O_3$ 溶液的终读数/mL			
$Na_2S_2O_3$ 溶液的用量/mL			
$c_{Na_2S_2O_3}=\dfrac{m_{K_2Cr_2O_7}\times 6\,000}{M_{K_2Cr_2O_7}\times V_{Na_2S_2O_3}}/(mol \cdot L^{-1})$			
$w_{Cu}=\dfrac{(cV)_{Na_2S_2O_3}\times M_{Cu}}{m_样}\times 100\%$			
平均值/％			
相对平均偏差/％			

六、注释

(1)用重铬酸钾作基准物标定 $Na_2S_2O_3$ 溶液时,若无碘量瓶,可用锥形瓶,暗处放置时用表面皿盖好瓶口。

(2)淀粉指示剂应近终点时加入,否则大量 I_2 与淀粉结合生成蓝色加合物,加合物中的 I_2 不易与 $Na_2S_2O_3$ 溶液迅速作用。

(3)加入 NH_4SCN 溶液不能过早,加入后应剧烈摇动,有助于沉淀的转化并释放出 I_2。接近终点时标准溶液一定要一滴或半滴加入。

七、问题讨论

(1)碘量法测定铜时,为什么常加入 NH_4HF_2?为什么临近终点时加入 NH_4SCN(或 KSCN)?

(2)已知 $E^{\ominus}_{Cu^{2+}/Cu^+}=0.159$ V, $E^{\ominus}_{I_3^-/I^-}=0.545$ V,为何本实验中 Cu^{2+} 却能将 I^- 氧化为 I_2?

(3)铜合金试样能否用 HNO_3 分解?本实验采用 HCl 和 H_2O_2 分解试样,试写出反应式。

(4)碘量法测定铜为什么要在弱酸性介质中进行?

实验 29　漂白粉中有效氯的测定

一、实验目的

(1)掌握间接碘量法的基本原理及滴定条件。
(2)学习测定漂白粉中有效氯含量的方法。

二、实验原理

漂白粉的主要成分是氯化钙和次氯酸钙,通常用化学式 $Ca(OCl)Cl$ 表示,其中的次氯酸钙与酸作用后产生氯气,氯气具有漂白作用。释放出来的氯称为有效氯,漂白粉的质量常用有效氯来表示,普通漂白粉含有效氯的量为 $30\%\sim35\%$。漂白粉能与空气中的 CO_2 作用产生 HClO 而造成有效氯的损失,因此应尽量避免与空气较长时间接触。

漂白粉的有效氯可用间接碘量法测定,这是因为漂白粉在酸性条件下与过量的 I^- 作用可定量产生 I_2,而析出的 I_2 可用 $Na_2S_2O_3$ 标准溶液进行滴定。有关反应如下:

$$Ca(OCl)Cl+2H^+ \Longrightarrow Ca^{2+}+H_2O+Cl_2\uparrow$$
$$Cl_2+2I^- \Longrightarrow 2Cl^-+I_2$$

或 $$ClO^- + 2I^- + 2H^+ = H_2O + Cl^- + I_2$$

$$I_2 + 2S_2O_3^{2-} = 2I^- + S_4O_6^{2-}$$

由以上反应式可知,有效氯的量与反应析出的 I_2 的量相同。

三、仪器及试剂

(1)仪器:50 mL 碱式滴定管 1 支;400 mL 烧杯 1 个;250 mL 锥形瓶 3 个;10 mL,25 mL 移液管各 1 支;10 mL 量筒 1 个;托盘天平 1 个;分析天平(0.1 mg);电炉或其他加热器件 1 套。

(2)试剂:$K_2Cr_2O_7$ 标准溶液($0.02\ mol \cdot L^{-1}$);$Na_2S_2O_3$ 溶液($0.1\ mol \cdot L^{-1}$);KI 溶液($100\ g \cdot L^{-1}$);淀粉溶液($5.0\ g \cdot L^{-1}$);H_2SO_4 溶液($3\ mol \cdot L^{-1}$)。

四、实验步骤

1. $Na_2S_2O_3$ 标准溶液的配制与标定(见实验 28)

2. 漂白粉悬浊液的配制

用差量法称漂白粉 2 g(准至 0.1 mg),放入 100 mL 小烧杯中,加入少量蒸馏水将漂白粉调为糊状,再加适量的蒸馏水制成悬浮液,转入 250 mL 容量瓶中,用少量蒸馏水洗涤烧杯 3 次,洗液全部转入容量瓶中。再加蒸馏水稀释至刻度线,摇匀。

3. 漂白粉中有效氯含量的测定

用移液管迅速吸取摇匀的漂白粉悬浊液 25.00 mL 放入 250 mL 锥形瓶中,加入 10 mL 3 mol·L^{-1} H_2SO_4 溶液和 15 mL 100 g·L^{-1} KI 溶液,加盖摇匀。放置暗处 5 min 后,加入 80 mL 蒸馏水,立即用 $Na_2S_2O_3$ 标准溶液滴定至溶液呈浅黄色,加入 3 mL 5.0 g·L^{-1} 淀粉试液,继续滴定至蓝色刚好消失,即为终点。平行测定 3 次,计算漂白粉中有效氯的含量。

五、数据处理

平行实验	1	2	3
(称量瓶+样品)质量(倾样前)/g			
(称量瓶+样品)质量(倾样后)/g			
试样质量 $m_{样}$/g			
移取待测稀释样品体积/mL	25.00	25.00	25.00
$Na_2S_2O_3$ 溶液的初读数/mL			
$Na_2S_2O_3$ 溶液的终读数/mL			
$Na_2S_2O_3$ 溶液的用量/mL			

（续表）

平行实验	1	2	3
$w_{有效氯}=\dfrac{(cV)_{Na_2S_2O_3}\times M_{Cl}}{m_{样}\times\dfrac{25.00}{250.0}\times 1\,000}\times 100\%$			
平均值/%			
相对平均偏差/%			

六、注释

称量与研磨漂白粉试样均应迅速，防止与空气接触时间太长而受空气中 CO_2 的影响。

七、问题讨论

(1)用 $Na_2S_2O_3$ 溶液滴定 I_2 前，为什么要加水稀释溶液？

(2)碘量瓶的作用类似于锥形瓶，但为什么要配上瓶塞？

(3)碘量法中，为什么淀粉指示剂要在接近终点时才能加入？

实验 30 苯酚纯度的测定

一、实验目的

(1)了解溴酸钾法测定苯酚的原理与方法。

(2)学会溴酸钾-溴化钾标准溶液的配制方法。

二、实验原理

苯酚是煤焦油的主要成分之一，也是许多高分子材料、染料、医药和农药合成等方面的主要原料，还被广泛用于消毒、杀菌。由于苯酚的生产和广泛应用会造成环境污染，因此它也是常规检测的主要项目之一。

对苯酚的测定是基于苯酚与 Br_2 作用生成稳定的三溴苯酚（白色沉淀）：

由于上述反应进行较慢，而且 Br_2 极易挥发，因此不能用 Br_2 液直接滴定，而应用过量 Br_2 与苯酚进行溴代反应。由于 Br_2 的浓度不稳定，一般使用 $KBrO_3$（含有 KBr）标准溶液在酸性介质中反应以产生游离 Br_2：

$$BrO_3^- + 5Br^- + 6H^+ \Longrightarrow 3Br_2 + 3H_2O$$

溴代反应完毕后,过量的 Br_2 再用还原剂标准溶液滴定。但是一般常用的还原性滴定剂 $Na_2S_2O_3$ 易为 Br_2,Cl_2 等较强氧化剂非定量地氧化为 SO_4^{2-},因而不能用 $Na_2S_2O_3$ 直接滴定 Br_2(而且 Br_2 易挥发损失)。因此过量的 Br_2 应先与过量 KI 作用,置换出 I_2:

$$Br_2 + 2KI \Longrightarrow I_2 + 2KBr$$

析出的 I_2 再用 $Na_2S_2O_3$ 标准溶液滴定:

$$I_2 + 2Na_2S_2O_3 \Longrightarrow 2NaI + Na_2S_4O_6$$

在这个测定过程中,$Na_2S_2O_3$ 溶液的浓度是在与测定苯酚相同条件下进行标定得到的。这样可以减少由于 Br_2 的挥发损失等因素而引起的误差。

同时,加入的 Br_2 量也不是由 $KBrO_3$-KBr 标准溶液的用量计算获得的,而是由空白实验实际测得,这样可以减少由于 Br_2 的挥发损失等因素而引起的误差。

由上述反应可以看出,被测苯酚与滴定剂 $Na_2S_2O_3$ 间存在如下的化学计量关系:

从而可容易地确定苯酚与 $Na_2S_2O_3$ 的化学计量关系。再由加入的 Br_2 量(即空白试验消耗的 $Na_2S_2O_3$ 的量)和剩余的 Br_2 量(滴定试样消耗 $Na_2S_2O_3$ 的量)可计算试样中苯酚的含量。

三、仪器及试剂

(1)仪器:50 mL 碱式滴定管 1 支;400 mL 烧杯 1 个;250 mL 锥形瓶 3 个;10 mL,25 mL 移液管各 1 支;10 mL 量筒 1 个;托盘天平 1 个;分析天平(0.1 mg)。

(2)试剂:$KBrO_3$-KBr 标准溶液($c_{\frac{1}{6}KBrO_3} = 0.10$ mol·L^{-1});$Na_2S_2O_3$(0.05 mol·L^{-1});淀粉溶液(5.0 g·L^{-1});KI(100 g·L^{-1});NaOH(2 mol·L^{-1});HCl(1+1);苯酚试样。

四、实验步骤

1. KB_2O_3-KBr 标准溶液的配制

称取 0.695 9 g $KBrO_3$ 和 4 g KBr 于小烧杯中,加水溶解后定量转移至 250 mL 容量瓶中,加水至刻度,摇匀。

2. $Na_2S_2O_3$ 溶液的标定

准确移取 25.00 mL KBrO$_3$-KBr 标准溶液于 250 mL 锥形瓶(或碘量瓶)中,加入 25 mL 水和 10 mL HCl 溶液,摇匀,盖上表面皿,放置 5～8 min,加入 20 mL KI 溶液,盖上表面皿,摇匀,再避光放置 5～8 min。然后用 Na$_2$S$_2$O$_3$ 溶液滴定至浅黄色,加入 2 mL 淀粉溶液,继续滴定至蓝色消失即为终点,记下消耗的 Na$_2$S$_2$O$_3$ 体积。平行测定 3 份,计算 Na$_2$S$_2$O$_3$ 溶液的浓度。

3.苯酚试样的测定

准确称取 0.2～0.3 g 试样于 100 mL 烧杯中,加入 5 mL NaOH 溶液和少量水,待苯酚溶解后,定量转入 250 mL 容量瓶中,加水至刻度,摇匀。

移取 10.00 mL 试样溶液于 250 mL 锥形瓶中,用移液管加入 25.00 mL KBrO$_3$-KBr 标准溶液,然后加入 10 mL HCl 溶液,充分摇动 2 min,使三溴苯酚沉淀完全分散后,盖上表面皿,再放置 5 min,加入 20 mL KI,在暗处放置 5～8 min 后,用 Na$_2$S$_2$O$_3$ 标准溶液滴定至浅黄色。加入 2 mL 淀粉溶液,继续滴定至蓝色刚好消失即为终点,记下消耗的 Na$_2$S$_2$O$_3$ 标准溶液体积。平行测定 3 次,计算苯酚的含量。

五、数据处理

平行实验	1	2	3
(称量瓶+样品)质量(倾样前)/g			
(称量瓶+样品)质量(倾样后)/g			
试样质量 $m_{样}$/g			
移取待测稀释样品体积/mL			
Na$_2$S$_2$O$_3$ 溶液的初读数/mL			
Na$_2$S$_2$O$_3$ 溶液的终读数/mL			
Na$_2$S$_2$O$_3$ 溶液的用量/mL			
$w_{C_6H_5OH}=\dfrac{[(cV)_{KBrO_3}-\frac{1}{6}(cV)_{Na_2S_2O_3}]\times M_{C_6H_5OH}}{m_{样}\times\dfrac{10.00}{250.0}}\times100\%$			
平均值/%			
相对平均偏差/%			

七、注释

(1)加 KI 溶液时,不要打开瓶塞,只能稍松开瓶塞,使 KI 溶液沿瓶塞流入,以免 Br$_2$ 挥发损失。

（2）三溴苯酚沉淀易包裹 I_2，故在近终点时，应剧烈振荡碘量。

（3）空白实验即准确吸取 10.00 mL $KBrO_3$-KBr 标准溶液加入 250 mL 碘量瓶中，并加入 15 mL 去离子水及 6～10 mL HCl（1＋1）溶液，迅速加塞振荡 1～2 min，再避光静置 5 min，以下操作与测定苯酚相同。

八、问题讨论

（1）标定 $Na_2S_2O_3$ 及测定苯酚时，能否用 $Na_2S_2O_3$ 溶液直接滴定 Br_2？为什么？

（2）试分析该操作过程中主要的误差来源有哪些？

（3）苯酚试样中加入 $KBrO_3$-KBr 溶液后，要用力摇动锥形瓶，其目的是什么？

实验 31　维生素 C 片剂中抗坏血酸含量的测定（直接碘量法）

一、实验目的

（1）掌握碘标准溶液的配制和标定方法。

（2）了解直接碘量法测定抗坏血酸的原理和方法。

二、实验原理

碘可以通过升华法制得纯试剂，但因其升华及对天平有腐蚀性，故不宜用直接法配制 I_2 标准溶液而采用间接法。

可以用基准物质 As_2O_3 来标定 I_2 溶液。As_2O_3 难溶于水，可溶于碱溶液中，与 NaOH 反应会生成亚砷酸钠，可用 I_2 溶液进行滴定，反应式为

$$As_2O_3 + NaOH \longrightarrow Na_3AsO_3 + H_2O$$

$$Na_3AsO_3 + I_2 + H_2O \longrightarrow Na_3AsO_4 + HI$$

该反应为可逆反应，在中性或微碱性溶液中（pH 约为 8），反应能定量地向右进行，可加固体 $NaHCO_3$ 以中和反应生成的 H^+，保持 pH 在 8 左右。由于 As_2O_3 为剧毒物，实际工作中常用已知浓度的硫代硫酸钠标准滴定溶液标定碘溶液，即用 I_2 溶液滴定一定体积的 $Na_2S_2O_3$ 标准溶液，反应式为

$$I_2 + 2Na_2S_2O_3 \Longrightarrow 2NaI + Na_2S_4O_6$$

以淀粉为指示剂，溶液变为蓝色即为终点。

维生素 C（Vc）又称抗坏血酸，属于水溶性维生素，分子式为 $C_6H_8O_6$。它广泛存在于水果和蔬菜中，辣椒、山楂和番茄中含量尤为丰富。Vc 具有许多对人体健康有益的功能，临床上可用于坏血病的预防和治疗。维生素 C 属外源性维生素，人体不能自身合成，必须从食物中摄取。

Vc 具有还原性,可被 I_2 定量氧化,因而可用 I_2 标准溶液直接滴定。其滴定反应式为

$$C_6H_8O_6 + I_2 = C_6H_6O_6 + 2HI$$

用直接碘量法可测定药片、注射液、饮料、蔬菜、水果等中的 Vc 含量。

由于 Vc 的还原性很强,极易被溶液和空气中的氧氧化,在碱性介质中这种氧化作用更强,因此滴定宜在酸性介质中进行,以减少副反应的发生。考虑到 I^- 在强酸性溶液中也易被氧化,故一般选在 pH$=3\sim4$ 的弱酸性溶液中进行滴定。

三、仪器及试剂

(1)仪器:50 mL 酸式滴定管 1 支;400 mL 烧杯 1 个;250 mL 锥形瓶 3 个;10 mL,25 mL 移液管各 1 支;10 mL,50 mL 量筒各 1 个;分析天平(0.1 mg);托盘天平 1 个。

(2)试剂:I_2 标准溶液(0.05 mol·L^{-1});$Na_2S_2O_3$ 标准溶液(0.01 mol·L^{-1});淀粉溶液(5.0 g·L^{-1});醋酸(2 mol·L^{-1});维生素 C 片剂。

四、实验步骤

1.I_2 溶液的配制

称取 6.5 g 碘于小烧杯中,再称取 17 g KI,并准备蒸馏水 500 mL。将 KI 分 4~5 次放入装有碘的小烧杯中,每次加水 5~10 mL,用玻璃棒轻轻研磨,使碘逐渐溶解,溶解部分转入棕色试剂瓶中,如此反复直至碘片全部溶解为止。用水多次清洗烧杯并转入试剂瓶中,剩余的水全部加入试剂瓶中稀释,盖好瓶盖,摇匀,待标定。

2.I_2 溶液的标定

用移液管移取 25.00 mL $Na_2S_2O_3$ 标准溶液于 250 mL 锥形瓶中,加 50 mL 蒸馏水,5 mL 5.0 g·L^{-1} 淀粉溶液,然后用 I_2 溶液滴定至溶液呈稳定浅蓝色,30 s 内不褪色即为终点。平行标定 3 份,计算 I_2 溶液的浓度。

3.维生素 C 片剂中 Vc 含量的测定

准确称取 0.2 g 研碎了的维生素 C 药片,置于 250 mL 锥形瓶中,加入 100 mL 新煮沸并冷却的蒸馏水,10 mL 2 mol·L^{-1} HAc 溶液和 5 mL 5.0 g·L^{-1} 淀粉溶液,立即用 I_2 标准溶液滴定至出现稳定的浅蓝色,且在 30 s 内不褪色即为终点,记下消耗的 I_2 溶液体积。平行测定 3 次,计算试样中抗坏血酸的质量分数。

五、数据处理

平行实验	1	2	3
(称量瓶＋样品)质量(倾样前)/g			
(称量瓶＋样品)质量(倾样后)/g			
试样质量 $m_{样}$/g			
移取待测稀释样品体积/mL			
I_2 溶液的终读数/mL			
I_2 溶液的初读数/mL			
I_2 溶液的用量/mL			
$w_{Vc}=\dfrac{(cV)_{I_2}\times M_{Vc}}{m_{样}\times 1\,000}\times 100\%$			
平均值/%			
相对平均偏差/%			

六、注释

(1)用 $Na_2S_2O_3$ 标准溶液滴定 I_2 标准溶液,接近终点时,溶液呈浅黄色。加入淀粉指示剂,若加入过早,由于碘-淀粉吸附化合物的形成,不易与 $Na_2S_2O_3$ 反应,会造成误差。

(2)蒸馏水中含有溶解氧,需煮沸除去。因维生素 C 是强还原剂,极易被氧氧化,使结果偏低。

七、问题讨论

(1)溶解 I_2 时,加入过量 KI 的作用是什么?

(2)维生素 C 固体试样溶解时为何要加入新煮沸并冷却的蒸馏水?

(3)碘量法的误差来源有哪些?应采取哪些措施减小误差?

实验 32　铁矿石中铁含量的测定

一、实验目的

(1)掌握 $K_2Cr_2O_7$ 标准溶液的配制方法。

(2)掌握 $K_2Cr_2O_7$ 法测定铁含量的原理和方法。

(3)掌握铁矿石试样的溶解及预先氧化还原的操作。

二、实验原理

铁矿石的种类很多,用于炼铁的主要有磁铁矿(Fe_3O_4)、赤铁矿(Fe_2O_3)和菱铁矿($FeCO_3$)等。铁矿石试样经盐酸溶解后,其中的铁转化为 Fe^{3+}。在强酸性条件下,Fe^{3+} 可通过 $SnCl_2$ 还原为 Fe^{2+}。Sn^{2+} 将 Fe^{3+} 还原完毕后,试液中加入的甲基橙也可被过量的 Sn^{2+} 还原成氢化甲基橙而褪色,因而甲基橙可指示 Fe^{3+} 还原终点。Sn^{2+} 还能继续使氢化甲基橙还原成 N,N-二甲基对苯二胺和对氨基苯磺酸钠。其反应式为

$$(CH_3)_2NC_6H_4N=NC_6H_4SO_3Na+2e+2H^+\longrightarrow$$
$$(CH_3)_2NC_6H_4NH-NHC_6H_4SO_3Na$$
$$(CH_3)_2NC_6H_4NH-NHC_6H_4SO_3Na+2e+2H^+\longrightarrow$$
$$(CH_3)_2NC_6H_4NH_2+NH_2C_6H_4SO_3Na$$

而过量的 Sn^{2+} 也可被消除。由于这些反应是不可逆的,因此甲基橙的还原产物不消耗 $K_2Cr_2O_7$。

反应在 HCl 介质中进行,还原 Fe^{3+} 时 HCl 浓度以 $4\ mol \cdot L^{-1}$ 为好,大于 $6\ mol \cdot L^{-1}$ 时 Sn^{2+} 则先还原甲基橙为无色,使其无法指示 Fe^{3+} 的还原,同时 Cl^- 浓度过高也可能消耗 $K_2Cr_2O_7$,HCl 浓度低于 $2\ mol \cdot L^{-1}$ 则甲基橙褪色缓慢。反应完后,以二苯胺磺酸钠为指示剂,用 $K_2Cr_2O_7$ 标准溶液滴定至溶液呈紫色即为终点,主要反应式如下:

$$2FeCl_4^-+SnCl_4^{2-}+2Cl^-=\!=\!=2FeCl_4^{2-}+SnCl_6^{2-}$$
$$6Fe^{2+}+Cr_2O_7^{2-}+14H^+=\!=\!=6Fe^{3+}+2Cr^{3+}+7H_2O$$

滴定过程中生成的 Fe^{3+} 呈黄色,会影响终点的观察,若在溶液中加入 H_3PO_4,H_3PO_4 与 Fe^{3+} 生成无色的 $Fe(HPO_4)_2^-$,可掩蔽 Fe^{3+}。同时由于 $Fe(HPO_4)_2^-$ 的生成,使得 Fe^{3+}/Fe^{2+} 电对的条件电位降低,滴定突跃增大,指示剂可在突跃范围内变色,从而减少滴定误差。

Cu^{2+},As^{5+},Ti^{4+},Mo^{6+} 等离子存在时,可被 $SnCl_2$ 还原,同时又能被 $K_2Cr_2O_7$ 氧化,Sb^{5+} 和 Sb^{3+} 也干扰铁的测定。

三、仪器及试剂

(1)仪器:50 mL 酸式滴定管 1 支;400 mL 烧杯 1 个;250 mL 锥形瓶 3 个;25 mL 移液管 1 支;10 mL,50 mL 量筒各 1 个;电炉或其他加热器件 1 套;分析天平(0.1 mg)。

(2)试剂:$SnCl_2$($100\ g \cdot L^{-1}$);$SnCl_2$($50\ g \cdot L^{-1}$);HCl(浓);硫磷混酸(15 mL 浓 H_2SO_4 溶于 70 mL 水中,冷却后加入 15 mL H_3PO_4 混匀);甲基橙(1.0 $g \cdot L^{-1}$ 水溶液);二苯胺磺酸钠(2.0 $g \cdot L^{-1}$ 水溶液);$K_2Cr_2O_7$ 标准溶液;铁矿石

试样。

四、实验步骤

1.样品的处理

准确称取铁矿石粉 1.0～1.5 g 于 250 mL 烧杯中,用少量水润湿后,加 20 mL 浓 HCl,盖上表面皿,在砂浴上加热 20～30 min,并不时摇动,避免沸腾。如有带色不溶残渣,可滴加 SnCl₂ 溶液 20～30 滴助溶,试样分解完全时,剩余残渣应为白色或非常接近白色,此时可用少量水吹洗表面皿及杯壁,冷却后将溶液转移到 250 mL 容量瓶中,加水稀释至刻度,摇匀。

2.样品中铁含量的测定

移取样品溶液 25.00 mL 于 250 mL 锥形瓶中,加 8 mL 浓 HCl,加热至接近沸腾,加入 6 滴甲基橙,边摇动锥形瓶边慢慢滴加 10% SnCl₂ 溶液,溶液由橙红色变为红色,再慢慢滴加 50 g · L⁻¹ SnCl₂ 至溶液变为淡红色,若摇动后粉色褪去,说明 SnCl₂ 已过量,可补加 1 滴甲基橙,以除去稍微过量的 SnCl₂,此时溶液应呈浅粉色。然后,迅速用流水冷却,加蒸馏水 50 mL、硫磷混酸 20 mL、二苯胺磺酸钠 4 滴,并立即用 K₂Cr₂O₇ 标准溶液滴定至出现稳定的紫红色。平行测定3 次,计算试样中 Fe 的含量。

五、数据处理

平行实验	1	2	3
(称量瓶＋样品)质量(倾样前)/g			
(称量瓶＋样品)质量(倾样后)/g			
样品质量 $m_{样}$/g			
移取试液体积/mL			
$V_{\mathrm{K_2Cr_2O_7}}$/mL			
$c_{\mathrm{K_2Cr_2O_7}}$/(mol · L⁻¹)			
$w_{\mathrm{Fe}} = \dfrac{6(cV)_{\mathrm{K_2Cr_2O_7}} \times M_{\mathrm{Fe}}}{m_{样} \times 1\,000 \times \dfrac{25.00}{250.0}} \times 100\%$			
铁的平均质量分数/%			
相对平均偏差/%			

六、注释

(1)平行试样可以同时溶解,但溶解后,应每还原一份试样立即滴定,以免Fe^{2+}被空气中的氧氧化。

(2)加入$SnCl_2$不宜过量,否则会使测定结果偏高。如不慎过量,可滴加2%$KMnO_4$溶液使试液呈浅黄色。

(3)Fe^{2+}在酸性介质中极易被氧化,必须在"钨蓝"褪色后1 min内立即滴定,否则测定结果偏低。

七、问题讨论

(1)用$SnCl_2$还原溶液中的Fe^{3+}时,$SnCl_2$过量溶液呈什么颜色? 对分析结果有什么影响?

(2)用$K_2Cr_2O_7$标准滴定溶液滴定Fe^{2+},为什么要加硫、磷混酸?

实验 33 氧化还原滴定设计实验

一、实验参考选题

1. 不锈钢中铬含量的测定

钢样用酸溶解后,铬以三价离子的形式存在,在酸性溶液中以$AgNO_3$为催化剂,用过硫酸铵可将其氧化为$Cr_2O_7^{2-}$,然后可用硫酸亚铁铵标准溶液滴定产生的$Cr_2O_7^{2-}$,从而得知试样中铬的含量。为了检验Cr^{3+}是否已被定量地氧化,可在被测溶液中加入少量Mn^{2+},当溶液中出现MnO_4^-的颜色时,表明Cr^{3+}已被全部氧化,此时需再向溶液中加入少量HCl,煮沸以还原所生成的MnO_4^-。

2. HCOOH 与 HAc 混合液中各组分含量的测定

以酚酞为指示剂,用NaOH溶液滴定总酸量,在强碱性介质中向试样溶液中加入过量$KMnO_4$标准溶液,此时甲酸被氧化为CO_2,MnO_4^-被还原为MnO_4^{2-}并歧化生成MnO_4^-及MnO_2。加酸,加入过量的KI还原过量部分的MnO_4^-及歧化生成的MnO_4^-及MnO_2至Mn^{2+},再以$Na_2S_2O_3$标准溶液滴定析出的I_2。

3. PbO-PbO_2混合物中各组分含量的测定

加入过量$H_2C_2O_4$标准溶液使PbO_2还原为Pb^{2+},用氨水中和溶液,Pb^{2+}定量沉淀为PbC_2O_4,过滤。滤液酸化后,以$KMnO_4$标准溶液滴定,沉淀以酸溶解后再以$KMnO_4$标准溶液滴定。

4. 注射液中葡萄糖含量的测定

在碱性溶液中,I_2可歧化成IO^-和I^-,IO^-能定量地将葡萄糖($C_6H_{12}O_6$)氧化成葡萄糖酸($C_6H_{12}O_7$),未与$C_6H_{12}O_6$作用的IO^-进一步歧化为IO_3^-和I^-,

溶液酸化后，IO_3^- 又与 I^- 作用析出 I_2，用 $Na_2S_2O_3$ 标准溶液滴定析出的 I_2，由此可计算出 $C_6H_{12}O_6$ 的含量，有关反应式如下：

$$I_2 + 2OH^- = IO^- + I^- + H_2O$$
$$C_6H_{12}O_6 + IO^- = I^- + C_6H_{12}O_7$$

总反应式为

$$I_2 + C_6H_{12}O_6 + 2OH^- = C_6H_{12}O_7 + 2I^- + H_2O$$

与 $C_6H_{12}O_6$ 作用完后，过量的 IO^- 在碱性条件下发生歧化反应：

$$3IO^- = IO_3^- + 2I^-$$

在酸性条件下：

$$IO_3^- + 5I^- + 6H^+ = 3I_2 + 3H_2O$$

即

$$IO^- + I^- + 2H^+ = I_2 + H_2O$$
$$I_2 + 2S_2O_3^{2-} = 2I^- + S_4O_6^{2-}$$

由以上反应可以看出一分子葡萄糖与一分子 I_2 相当。本法适用于对葡萄糖注射液中葡萄糖含量的测定。

5. 硫化钠总还原能力的测定

在弱酸性溶液中，I_2 能氧化 S^{2-}，反应方程式为

$$S^{2-} + I_2 = S\downarrow + 2I^-$$

可用 I_2 标准溶液直接滴定硫化物。为了防止 S^{2-} 在酸性介质中生成 H_2S 而损失，测定时将试样加到过量 I_2 的酸性溶液中，再用 $Na_2S_2O_3$ 标准溶液回滴多余的 I_2。

硫化钠试样常含有 Na_2SO_3 及 $Na_2S_2O_3$ 等还原性物质，它们也与 I_2 作用。因此，按此法测定的结果，实际上是硫化钠试样的总还原能力，以 Na_2S 的含量来表示。

第8章 沉淀滴定与重量分析实验

实验34 莫尔法测定酱油中 NaCl 的含量

一、实验目的

(1)学会 $AgNO_3$ 标准溶液的配制和标定方法。

(2)掌握莫尔法测定可溶性氯化物的原理和方法。

二、实验原理

某些可溶性氯化物中氯含量的测定常采用莫尔法。此方法是在中性或弱碱性溶液中,以 K_2CrO_4 为指示剂,用 $AgNO_3$ 标准溶液进行滴定。由于 AgCl 的溶解度比 Ag_2CrO_4 小,因此测定溶液中可溶性氯化物中氯含量时,溶液中首先析出 AgCl 沉淀,当 AgCl 定量沉淀后,稍过量的 $AgNO_3$ 即与 CrO_4^{2-} 生成砖红色 Ag_2CrO_4 沉淀,指示到达终点。主要反应如下:

$$Ag^+ + Cl^- \longrightarrow AgCl \downarrow (白色) \qquad K_{sp} = 1.8 \times 10^{-10}$$

$$2Ag^+ + CrO_4^{2-} \longrightarrow Ag_2CrO_4 \downarrow (砖红色) \qquad K_{sp} = 2.0 \times 10^{-12}$$

三、仪器及试剂

(1)仪器:50 mL 棕色酸式滴定管 1 支;250 mL 锥形瓶 3 个;500 mL 棕色试剂瓶 1 个;10 mL 吸量管、25 mL 移液管各 1 支;100 mL 量筒 1 个;100 mL,250 mL 容量瓶各 1 个;台秤;分析天平(0.1 mg)。

(2)试剂:NaCl(s)基准试剂(干燥条件见附录 8);$AgNO_3$(s);$50 \ g \cdot L^{-1}$ K_2CrO_4 指示剂;待测酱油样。

四、实验步骤

1. $0.1 \ mol \cdot L^{-1}$ $AgNO_3$ 标准溶液的配制与标定

称取固体 $AgNO_3$ 约 8.5 g 于小烧杯中,用少量水溶解后,转入棕色试剂瓶中,稀释至 500 mL 左右,摇匀,置于暗处备用。

准确称取 1.4~1.6 g 基准 NaCl 置于小烧杯中,用蒸馏水溶解后,定量转入 250 mL 容量瓶中,用水稀释至刻度,摇匀。

准确移取 25.00 mL NaCl 标准溶液于 250 mL 锥形瓶中,加入 25 mL 水,用吸量管加入 1 mL $50 \ g \cdot L^{-1}$ K_2CrO_4 溶液,在不断摇动下,用 $AgNO_3$ 溶液滴定

至呈现砖红色即为终点。平行测定 3 次,根据所消耗 $AgNO_3$ 的体积和 NaCl 质量,计算 $AgNO_3$ 的浓度。

2.酱油中 NaCl 含量的测定

用 10 mL 吸量管移取待测酱油试样 5.00 mL 于 100 mL 容量瓶中,加水至刻度,摇匀,吸取酱油稀释液 10.00 mL 于 250 mL 锥形瓶中,加水 40 mL。混合均匀后用吸量管加入 1 mL 50 g·L^{-1} K_2CrO_4,在不断摇动下,用 $AgNO_3$ 溶液滴定至呈现砖红色即为终点。平行测定 3 次。

五、数据处理

1.0.1 mol·L^{-1} $AgNO_3$ 标准溶液的标定

平行实验	1	2	3
倾出 NaCl 的质量/g			
移取基准 NaCl 试液的体积/mL			
$AgNO_3$ 溶液的终读数/mL			
$AgNO_3$ 溶液的初读数/mL			
$AgNO_3$ 溶液的用量/mL			
$c_{AgNO_3}=\dfrac{\frac{m_{NaCl}}{M_{NaCl}}\times\frac{25.00}{250.0}}{10^{-3}\times V_{AgNO_3}}/(mol\cdot L^{-1})$			
平均值/(mol·L^{-1})			
相对平均偏差/%			

注:$M_{NaCl}=58.44$ g·moL^{-1}。

2.酱油中 NaCl 含量的测定

平行实验	1	2	3
移取待测酱油试样的体积/mL	5.00	5.00	5.00
移取稀释酱油试样的体积/mL	10.00	10.00	10.00
$AgNO_3$ 溶液的终读数/mL			
$AgNO_3$ 溶液的初读数/mL			
$AgNO_3$ 溶液的用量/mL			
NaCl 含量$=\dfrac{(cV)_{AgNO_3}\times M_{NaCl}}{5.00\times\frac{10.00}{100.0}}/(g\cdot L^{-1})$			
平均值/(g·L^{-1})			
相对平均偏差/%			

注:$M_{NaCl}=58.44$ g·moL^{-1}。

六、注释

(1)滴定必须在中性或弱碱性溶液中进行,最适宜 pH 范围为 6.5～10.5。如有铵盐存在,溶液的 pH 值最好控制在 6.5～7.2。

(2)指示剂的用量对滴定有影响,一般以 5×10^{-3} mol·L^{-1}为宜。

(3)$AgNO_3$ 见光易分解,同时 $AgNO_3$ 与有机物接触则起还原作用,使用 $AgNO_3$ 时应避免与乳胶管(碱式滴定管)、皮肤接触。

七、问题讨论

(1)莫尔法测定 Cl^- 时,为什么溶液的 pH 值应控制为 6.5～10.5?

(2)用莫尔法测定 Cl^- 时主要干扰离子有哪些? 如何消除干扰离子对测定的影响?

(3)以 K_2CrO_4 作指示剂时,其浓度太大或太小对测定有何影响?

实验 35　可溶性氯化物含量的测定(佛尔哈德返滴定法)

一、实验目的

(1)学会 NH_4SCN 标准溶液的配制和标定方法。

(2)掌握佛尔哈德返滴定法测定可溶性氯化物的原理和方法。

二、实验原理

在含氯离子的酸性试液中,加入过量的 Ag^+ 标准溶液,定量生成 AgCl 沉淀后,激烈摇动溶液并加入硝基苯,以铁铵矾为指示剂,用 NH_4SCN 标准溶液返滴过量的 Ag^+。稍过量的 SCN^- 与 Fe^{3+} 生成红色 $Fe(SCN)^{2+}$ 络离子,指示滴定终点。主要反应式为

$$Ag^+ + Cl^- \longrightarrow AgCl\downarrow(白色) \qquad K_{sp} = 1.8 \times 10^{-10}$$
$$Ag^+ + SCN^- \longrightarrow AgSCN\downarrow(白色) \qquad K_{sp} = 1.0 \times 10^{-12}$$
$$Fe^{3+} + SCN^- \longrightarrow Fe(SCN)^{2+}(红色) \qquad K_1 = 138$$

三、仪器及试剂

(1)仪器:50 mL 酸式滴定管 1 支;250 mL 锥形瓶 3 个;25 mL 移液管 1 支;250 mL 容量瓶 1 个;台秤;分析天平(0.1 mg)。

(2)试剂:0.1 mol·L^{-1} $AgNO_3$ 标准溶液;0.1 mol·L^{-1} NH_4SCN 溶液(待标);铁铵矾指示剂溶液;硝基苯;HNO_3(1+1);待测 NaCl 试样。

四、实验步骤

1.0.1 mol·L^{-1} NH_4SCN 标准溶液的配制与标定

称取固体 NH_4SCN 约 3.8 g 于小烧杯中,用少量水溶解后,稀释至 500 mL,转入试剂瓶摇匀备用。

移取 25.00 mL $AgNO_3$ 标准溶液于 250 mL 锥形瓶中,加入 5 mL(1+1) HNO_3 和铁铵矾指示剂 1 mL,在激烈摇动下,用 NH_4SCN 溶液滴定至淡红色稳定时即为终点。平行测定 3 次。

2. 试样分析

准确称取 2 g 待测 NaCl 试样于 100 mL 烧杯中,加水溶解后,定量转入 250 mL 容量瓶中,加水至刻度摇匀。

移取 25.00 mL 试样溶液于 250 mL 锥形瓶中,加水 25 mL 和(1+1)HNO_3 5 mL,混合均匀后由滴定管加入 $AgNO_3$ 标准溶液至过量 5~10 mL。然后加入 2 mL 硝基苯,剧烈摇动半分钟,使 AgCl 沉淀进入硝基苯层而与溶液分开。再加入铁铵矾指示剂 1 mL,在缓慢摇动下,用 NH_4SCN 标准溶液滴定至出现稳定的 $Fe(SCN)^{2+}$ 淡红色即为终点。平行测定 3 次。

五、数据处理

1. 0.1 $mol \cdot L^{-1}$ NH_4SCN 标准溶液的标定

平行实验	1	2	3
移取 $AgNO_3$ 标准溶液的体积/mL			
$AgNO_3$ 标准溶液的浓度/($mol \cdot L^{-1}$)			
NH_4SCN 溶液的终读数/mL			
NH_4SCN 溶液的初读数/mL			
NH_4SCN 溶液的用量/mL			
$c_{NH_4SCN} = \dfrac{(cV)_{AgNO_3}}{V_{NH_4SCN}}/(mol \cdot L^{-1})$			
平均值/($mol \cdot L^{-1}$)			
相对平均偏差/%			

2. 试样分析

平行实验	1	2	3
倾出 NaCl 试样的质量/g			
移取 NaCl 试样溶液的体积/mL	25.00	25.00	25.00
加入 $AgNO_3$ 标准溶液的体积/mL			

（续表）

平行实验	1	2	3
NH_4SCN 溶液的终读数/mL			
NH_4SCN 溶液的初读数/mL			
NH_4SCN 溶液的用量/mL			
$w_{NaCl} = \dfrac{\left[(cV)_{AgNO_3} - (cV)_{NH_4SCN}\right] \times \dfrac{M_{NaCl}}{1\,000}}{m_{样} \times \dfrac{25.00}{250.0}} \times 100\%$			
平均值/%			
相对平均偏差/%			

注：$M_{NaCl} = 58.44\ \text{g} \cdot \text{moL}^{-1}$。

六、注释

(1)滴定应在硝酸酸性溶液中进行，一般控制在氢离子浓度为 0.1～1 mol·L^{-1}。若酸度过低，可导致 Fe^{3+} 水解，影响对终点的观察。

(2)硝基苯有毒！也可使用 1,2-二氯乙烷或甘油等。其作用是因 AgCl 的溶解度比 AgSCN 大，当过量的 Ag^+ 被滴定完毕后，过量的 SCN^- 将与 AgCl 发生沉淀转化反应：

$$AgCl\downarrow + SCN^- \longrightarrow AgSCN\downarrow + Cl^-$$

该反应使得本应产生的 $Fe(SCN)^{2+}$ 红色不能及时出现，或已出现的红色随着摇动而又消失。加入硝基苯可使 AgCl 沉淀表面覆盖一层有机溶剂而与外部溶液隔开。同时，在滴定过程中缓慢摇动，以避免上述沉淀转化反应的发生。

(3)在用返滴定法测定碘化物时，指示剂必须在加入过量 $AgNO_3$ 标准溶液之后才能加入，以避免下述反应的发生：

$$2I^- + 2Fe^{3+} \longrightarrow I_2 + 2Fe^{2+}$$

能与 SCN^- 作用的强氧化物、氮的低价氧化物、铜盐、汞盐等，需事先除去。

(4)生成的 AgSCN 沉淀对 Ag^+ 有吸附作用，在滴定过程中，特别是临近终点时，须剧烈摇动。

七、问题讨论

(1)佛尔哈德返滴定法测定 Cl^- 时，为什么要加硝基苯？当用此法测定 Br^-，I^- 时，还需加入硝基苯吗？

(2)在佛尔哈德返滴定法中，能否用 $FeCl_3$ 代替铁铵矾？为什么？

实验 36　可溶性钡盐中钡含量的测定

一、实验目的

(1)了解沉淀重量分析法测定钡含量的原理和方法。

(2)掌握形成晶型沉淀的操作条件及沉淀的过滤、洗涤、灰化、灼烧恒重等基本操作技术。

二、实验原理

Ba^{2+}能生成一系列难溶化合物,如 $BaCO_3$,BaC_2O_4,$BaCrO_4$,$BaSO_4$ 等,其中以 $BaSO_4$ 的溶解度最小($K_{sp}=1.1\times10^{-10}$),100 mL 溶液中,100℃时溶解 0.4 mg,25℃时仅溶解 0.25 mg。当沉淀剂适当过量时,沉淀的溶解度大为减小,一般可忽略不计。$BaSO_4$ 化学性质稳定,灼烧后其组成与化学式完全相符,符合重量分析对沉淀的要求。所以,通常以 $BaSO_4$ 为沉淀形式和称量形式测定 Ba^{2+} 或 SO_4^{2-}。

用 $BaSO_4$ 重量分析法测定 Ba^{2+} 时,为得到颗粒较大且纯净的晶型沉淀,通常采取以下措施:试样溶解后,加适量稀盐酸酸化,加热近沸,在不断搅拌下缓慢滴加热的沉淀剂稀 H_2SO_4,沉淀作用完毕后,再加适当过量的稀 H_2SO_4,形成的 $BaSO_4$ 沉淀经陈化、过滤、洗涤、烘干、炭化、灰化、灼烧恒重后,得 $BaSO_4$ 进行称量,即可求得试样中 Ba^{2+} 的含量。

三、仪器及试剂

(1)仪器:瓷坩埚;马弗炉;慢速定量滤纸;漏斗;烧杯;淀帚;分析天平(0.1 mg)。

(2)试剂:2 mol·L^{-1} HCl 溶液;1 mol·L^{-1} H_2SO_4 溶液;0.1 mol·L^{-1} $AgNO_3$ 溶液;待测钡盐试样。

四、实验步骤

1. 称样及沉淀的制备

准确称取两份 0.4～0.6 g 待测钡盐试样,分别置于 250 mL 烧杯中,加入约 100 mL 水和 3 mL 2 mol·L^{-1} HCl 溶液,搅拌溶解,加热至近沸。

另取 4 mL 1 mol·L^{-1} H_2SO_4 两份于两个 100 mL 烧杯中,加水约 30 mL,加热至近沸,趁热在不断搅拌下,分别用两支滴管逐滴加入到两份热的钡盐溶液中。

待 $BaSO_4$ 沉淀下沉后,于上清液中滴加 1～2 滴稀 H_2SO_4,仔细观察沉淀作用是否完全。沉淀完全后,盖上表面皿(切勿将玻棒拿出烧杯外),放置过夜陈化,或将沉淀放在微沸的水浴或沙浴上保温 40 min 陈化。期间要搅动几次,放置冷却后过滤。

2.沉淀的过滤和洗涤

取慢速定量滤纸两张,折叠,与漏斗贴合润湿置于漏斗架上,漏斗下各放一只洁净的烧杯。用倾泻法小心地将沉淀上清液沿玻棒倾入漏斗中,再洗涤沉淀 3~4 次,每次用洗涤液(3 mL 1 mol·L^{-1} H$_2$SO$_4$,用 200 mL 蒸馏水稀释即成)15~20 mL。然后将沉淀定量转移至滤纸上,以洗涤液洗涤沉淀至滤液中无 Cl$^-$ 为止。

3.空坩埚的恒重

将两个洁净的瓷坩埚放在(800±20)℃的马弗炉中灼烧至恒重。第一次灼烧 40 min,第二次后每次只灼烧 20 min。灼烧也可在煤气灯上进行。

4.沉淀的灼烧和恒重

将折叠好的沉淀滤纸包置于已恒重的瓷坩埚中,经烘干、炭化、灰化后,在(800±20)℃的马弗炉中灼烧至恒重。计算待测试样中钡的含量。

五、数据处理

	1	2
倾出钡盐试样的质量/g		
瓷坩埚质量/g		
(瓷坩埚+BaSO$_4$)质量/g		
BaSO$_4$质量/g		
$w_{Ba}=\dfrac{m_{BaSO_4}\times\dfrac{M_{Ba}}{M_{BaSO_4}}}{m_{样}}\times100\%$		
平均值/%		
相对平均偏差/%		

注:$M_{Ba}=137.3$ g·moL^{-1};$M_{BaSO_4}=233.39$ g·moL^{-1}。

六、注释

(1)加入稀盐酸酸化,可使部分 SO$_4^{2-}$ 成为 HSO$_4^-$,稍微增大沉淀的溶解度,而降低溶液的过饱和度,同时可防止其他弱酸盐如 BaCO$_3$ 等沉淀的产生,并可防止胶溶作用,有利于形成较好的晶型沉淀。

(2)在热的稀溶液中进行沉淀,并不断搅拌,可降低过饱和度,避免局部浓度过高而导致的均相成核现象,同时也可减少杂质的吸附而获得较为纯净的 $BaSO_4$ 沉淀。

(3)加适当过量的稀 H_2SO_4 可使 $BaSO_4$ 沉淀更完全。$BaSO_4$ 沉淀过程中吸留的 H_2SO_4 在高温灼烧时可挥发除去,因此,沉淀剂稀 H_2SO_4 可过量 $50\% \sim 100\%$。若用 $BaSO_4$ 沉淀重量分析法测定 SO_4^{2-} 用 $BaCl_2$ 作沉淀剂时,只允许沉淀剂过量 $20\% \sim 30\%$,因为 $BaCl_2$ 灼烧时不易挥发除去。

(4)搅拌时玻棒不要触及杯壁和杯底,以免划伤烧杯,使沉淀黏附在烧杯壁划痕内而难于洗下。

(5)盛滤液的烧杯必须洁净,因 $BaSO_4$ 沉淀易穿透滤纸,若遇此情况需重新过滤。

(6)Cl^- 是混在沉淀中的主要杂质,当其完全除去时,可认为其他杂质已完全除去。检验方法是用洁净表面皿收集数滴滤液,加 1 滴 2 mol·L^{-1} HNO_3 酸化,加 2 滴 $AgNO_3$,若无白色浑浊产生,示 Cl^- 已除净。

(7)滤纸灰化时空气要充足,否则 $BaSO_4$ 易被滤纸的碳还原为灰黑色的 BaS:

$$BaSO_4 + 4C \Longrightarrow BaS + 4CO\uparrow$$

$$BaSO_4 + 4CO \Longrightarrow BaS + 4CO_2\uparrow$$

(8)灼烧温度不能太高,若超过 950℃,可能有部分 $BaSO_4$ 分解:

$$BaSO_4 \Longrightarrow BaO + SO_3\uparrow$$

七、问题讨论

(1)为什么要在热溶液中沉淀 $BaSO_4$,但要在冷却后过滤?晶型沉淀为何要陈化?

(2)为什么用洗涤液洗涤沉淀时要少量、多次?

实验 37　钢铁中镍含量的测定
(丁二酮肟镍有机试剂沉淀重量分析法)

一、实验目的

(1)了解丁二酮肟镍重量分析法测定镍含量的基本原理和方法。

(2)掌握使用玻璃坩埚过滤等重量分析法的基本操作技术。

二、实验原理

丁二酮肟是二元弱酸(以 H_2D 表示),其分子式为 $C_4H_8O_2N_2$,摩尔质量为

116.2 g·mol^{-1}。丁二酮肟是测定镍选择性较高的有机沉淀剂,它只与 Ni^{2+}, Pd^{2+},Fe^{2+} 生成沉淀。研究表明,只有 HD$^-$ 状态才能在氨性溶液中与 Ni^{2+} 发生沉淀反应:

$$Ni^{2+}+2H_2D+2NH_3 \longrightarrow Ni(HD)_2\downarrow(鲜红色)+2NH_4^+$$

此沉淀的溶解度很小($K_{sp}=2.3\times10^{-25}$),组成恒定。沉淀经过滤、洗涤,在 120℃下烘干至恒重,称得丁二酮肟镍沉淀的质量,以下式即可计算 Ni 的质量分数:

$$w_{Ni}=\frac{m_{Ni(HD)_2}\times\dfrac{M_{Ni}}{M_{Ni(HD)_2}}}{m_样}\times100\%$$

本法沉淀介质的酸度为 pH$=8\sim9$ 的氨性溶液。酸度过大,会生成 H$_2$D,使沉淀溶解度增大;酸度过小,由于生成 D^{2-},同样将增加沉淀的溶解度。氨浓度太高,会生成 Ni^{2+} 的氨配合物而增大沉淀的溶解度。

丁二酮肟在水中的溶解度较小,但易溶于乙醇。在沉淀操作时,可在溶液充分稀释的前提下,加入适量的乙醇,增大溶解度以防止丁二酮肟产生共沉淀。乙醇浓度通常控制在溶液总浓度的 20% 左右,乙醇的浓度过大,丁二酮肟镍的溶解度也会增大。

Co^{2+},Cu^{2+} 与丁二酮肟可生成水溶性络合物,不仅会消耗 H$_2$D,而且会引起共沉淀现象。当 Co^{2+},Cu^{2+} 含量高时,最好进行二次沉淀或预先分离。

三、仪器及试剂

(1)仪器:电热恒温干燥箱;电热恒温水浴装置;循环水泵及抽滤瓶;G4 微孔玻璃坩埚;分析天平(0.1 mg)。

(2)试剂:混合酸 HCl+HNO$_3$+H$_2$O(3+1+2);酒石酸或柠檬酸溶液 500 g·L^{-1};0.1 mol·L^{-1} AgNO$_3$;2 mol·L^{-1} HNO$_3$;丁二酮肟 10 g·L^{-1};乙醇溶液;氨水(1+1);HCl(1+1);NH$_3$-NH$_4$Cl 洗涤液(每 100 mL 水中加 1 mL 氨水和 1 g NH$_4$Cl);待测钢铁试样。

四、实验步骤

1. 钢铁试样的分解及试样溶液的制备

准确称取试样(含 Ni 30~80 mg)两份,分别置于 500 mL 烧杯中,加入 20~40 mL 混合酸,盖上表面皿,低温加热溶解后,煮沸除去氮的氧化物,加入 5~10 mL 酒石酸溶液(每克试样加入 10 mL),然后在不断搅动的条件下,滴加(1+1)氨水至溶液 pH$=8\sim9$,此时溶液转变为蓝绿色。如有不溶物,应将沉淀过滤,然后用热的氨-氯化铵洗涤液洗涤沉淀数次(洗涤液与滤液合并),残渣弃去。滤液用(1+1)HCl 酸化,用热水稀释至约 300 mL。加热至 70℃～80℃,在不断搅拌的条件下,加入 10 g·L⁻¹ 丁二酮肟乙醇溶液沉淀 Ni^{2+}(每毫克 Ni^{2+} 约需 1 mL 10 g·L⁻¹ 的丁二酮肟溶液),最后再多加 20～30 mL。但所加试剂的总量不要超过试液体积的 1/3,以免增大沉淀的溶解度。然后在不断搅拌的条件下,滴加(1+1)氨水,使溶液的 pH 值为 8～9。在 60℃～70℃下保温 30～40 min,取下,稍冷。

2. 空微孔玻璃坩埚的恒重

将两个洁净的空微孔玻璃坩埚置于 130℃～150℃的烘箱中烘干至恒重。第一次烘 1 h,第二次后每次只灼烧 30 min。

3. 沉淀的过滤和洗涤

用已恒重的微孔玻璃坩埚趁热对沉淀进行减压过滤,用微氨性的 20 g·L⁻¹ 酒石酸溶液洗涤烧杯和沉淀 8～10 次,再用温热水洗涤沉淀至无 Cl^- 为止(检查 Cl^- 的方法见实验 36)。最后对沉淀抽滤 2 min 以上。

4. 沉淀的烘干与恒重

将带有沉淀的微孔玻璃坩埚置于 130℃～150℃烘箱中烘 1 h,冷却,称量,再烘干,称量,直至恒重为止。根据丁二酮肟镍的质量,计算试样中镍的含量。

实验完毕,微孔玻璃坩埚以稀盐酸溶液洗涤干净。

五、数据处理

	1	2
倾出镍盐试样的质量/g		
微孔玻璃坩埚的质量/g		
(玻璃坩埚+Ni(HD)₂)质量/g		
丁二酮肟镍质量/g		
$w_{Ni}=\dfrac{m_{Ni(HD)_2}\times\dfrac{M_{Ni}}{M_{Ni(HD)_2}}}{m_{样}}\times100\%$		
平均值/%		
相对平均偏差/%		

注:$M_{Ni}=58.69$ g·moL⁻¹,$M_{Ni(HD)_2}=289.07$ g·moL⁻¹。

六、注释

(1)Fe^{3+},Al^{3+},Ti^{4+},Cr^{3+} 等在氨性溶液中可生成氢氧化物沉淀而干扰测定,需事先加入酒石酸或柠檬酸进行掩蔽。

(2)冶金部标准方法溶解试样时,先用 HCl 溶解后,滴加 HNO₃氧化,再加 HClO₄至冒烟,以破坏难溶的碳化物。国际标准法(ISO)则用王水溶解,操作方法更详细。本实验略去 HClO₄的冒烟操作。

(3)若残渣为 SiO₂,且含 Si 量高于 1%时,则应按下述步骤处理:将残渣及滤纸移入铂坩埚中,灰化并灼烧后,冷却,加高氯酸 5 mL 及氢氟酸 0.5 mL,蒸发剩 2~3 mL 溶液,稍冷,加水稀释后过滤,滤液并入原试样溶液中。

(4)在酸性溶液中加入沉淀剂,再滴加氨水使溶液的 pH 值逐渐升高,沉淀随之慢慢析出,这样能得到颗粒较大的沉淀。

(5)溶液温度不宜过高,否则乙醇挥发太多,引起丁二酮肟本身的沉淀,且高温下柠檬酸或酒石酸能部分还原 Fe^{3+} 为 Fe^{2+},对测定有干扰。

(6)对丁二酮肟镍沉淀的恒重,可视两次质量之差不大于 0.4 mg 时为符合要求。

七、问题讨论

(1)加入酒石酸的作用是什么?加入过量沉淀剂并稀释的目的何在?

(2)重量法测定镍,也可将丁二酮肟镍灼烧成氧化镍称重,这与本方法相比较,哪种方法较为优越?为什么?

实验 38　沉淀滴定法设计实验

一、实验目的

(1)学会分析方法的选择。

(2)了解试样的初步测定和取样量的确定方法。

(3)掌握自拟实验方案的内容和步骤。

(4)掌握相应的分析操作原理方法及实验报告的整理。

二、实验题目

醋酸银溶度积的测定。

三、实验原理

醋酸银(AgAc)溶度积的测定可用微量滴定管,以佛尔哈德直接滴定法完成。

醋酸银的沉淀溶解平衡:

$$AgAc \Longrightarrow Ag^+ + Ac^- \quad K_{sp} = [Ag^+][Ac^-]$$

当温度一定时,K_{sp} 为常数,它不随[Ag^+]和[Ac^-]的变化而改变。因此,测

出饱和溶液中 Ag^+ 和 Ac^- 的浓度,即可求出该温度下 AgAc 的 K_{sp}。

本实验以铁铵矾为指示剂,NH_4SCN 作标准溶液,测定 AgAc 沉淀饱和溶液中 Ag^+ 的浓度。

滴定分析反应为

$$Ag^+ + SCN^- =\!\!=\!\!= AgSCN\downarrow（白色）$$

$[Ag^+]$ 的计算:

$$[Ag^+] = \frac{\frac{1}{1}c_{NH_4SCN}V_{NH_4SCN}}{V_{样}}$$

对 AgAc 沉淀饱和溶液,沉淀溶解平衡时有 $[Ag^+] = [Ac^-]$,由此可计算出醋酸银沉淀在该温度下的溶度积(参考值:4.4×10^{-3})。

四、仪器及试剂

(1)仪器:电热恒温水浴装置。

(2)试剂:NH_4SCN 标准溶液;AgAc(A. R. 固体);铁铵矾。

五、实验步骤

实验步骤可参考实验 35 拟定。

第9章 吸光光度分析实验

实验39 邻二氮菲光度法测定微量铁含量

一、实验目的

(1)掌握吸光光度法测定微量铁的原理和方法。

(2)了解分光光度计的性能、结构,并掌握其使用方法。

(3)学会刻度吸管的使用方法。

二、实验原理

铁的吸光光度法测定所用的显色剂较多,有邻二氮菲及其衍生物、磺基水杨酸、硫氰酸盐、2-(5-溴-2-吡啶偶氮)-5-二乙氨基酚等。其中邻二氮菲吸光光度法的灵敏度高、稳定性好、干扰容易消除,因而是目前普遍采用的一种方法。

在 pH 为 2~9 的溶液中,Fe^{2+} 与邻二氮菲(Phen)生成稳定的橘红色配合物 $Fe(Phen)_3^{2+}$,其 $\lg K=21.3$,摩尔吸光系数 $\varepsilon_{508}=1.1\times10^4\ L\cdot mol^{-1}\cdot cm^{-1}$,铁含量在 $0.1\sim6\ \mu g\cdot mL^{-1}$ 范围内遵守朗伯-比尔定律。Fe^{3+} 也和邻二氮菲生成配合物,因此在显色之前需用盐酸羟胺或抗坏血酸将 Fe^{3+} 全部还原为 Fe^{2+},然后再加入邻二氮菲,并调节溶液酸度至适宜的酸度范围。有关反应如下:

$$2Fe^{3+}+2NH_2OH\cdot HCl =\!=\!= 2Fe^{2+}+N_2\uparrow+2H_2O+4H^++2Cl^-$$

用吸光光度法测定物质的含量,一般采用标准曲线法(又称工作曲线法),即配制一系列已知浓度的标准溶液,在实验条件下依次测量各标准溶液的吸光度(A),以溶液的浓度 c 为横坐标、相应的吸光度为纵坐标,绘制标准曲线。在同样实验条件下,测定待测溶液的吸光度 A_x,根据测得吸光度值从标准曲线上查出相应的浓度值 c_x,即可计算试样中被测物质的浓度。

三、仪器及试剂

(1)仪器:722 N 型分光光度计;100 mL 容量瓶;25 mL 刻度吸管。

(2)试剂:铁标准溶液 10 mg·L^{-1}(准确称取 0.070 3 g 分析纯 $(NH_4)_2Fe(SO_4)_2\cdot6H_2O$ 于 100 mL 烧杯中,加入 100 mL 1 mol·L^{-1} HCl 溶液,完全溶解后转移至 1 L 容量瓶中,稀释至刻度,摇匀);待测铁试液;100 g·

L^{-1} NaAc 溶液；100 g · L^{-1} 盐酸羟胺溶液；1.0 g · L^{-1} 邻二氮菲溶液。

四、实验步骤

1. 标准曲线的绘制

用刻度吸管准确移取铁标准溶液 5,10,15,20,25 mL 分别置于 5 个 100 mL 容量瓶中，分别加入 1 mL 盐酸羟胺溶液，摇匀，放置 1 min。再分别加入 5 mL NaAc 溶液和 5 mL 邻二氮菲溶液，以蒸馏水稀释至刻度，摇匀后放置 10 min。以试剂空白为参比，用 1 cm 比色皿，于 722 N 分光光度计 510 nm 处分别测定其吸光度值。

以铁标准溶液的浓度为横坐标、相应的吸光度为纵坐标作图，即得标准曲线。

2. 试样中铁含量的测定

用刻度吸管准确移取 20 mL 待测铁试液于 100 mL 容量瓶中，按标准溶液的制作步骤，加入各种试剂，测量吸光度。从标准曲线上查出并计算试液中铁的含量。

五、数据处理

1. 标准曲线的绘制

	1	2	3	4	5
加入铁标准溶液体积/mL	5.0	10.0	15.0	20.0	25.0
稀释后铁标准溶液浓度/(mg · L^{-1})					
吸光度(A)					

2. 未知液的测定

绘制出的标准曲线如图 9-1 所示，从图上即可查出未知液对应的浓度值 c_x，$c_{Fe}=100/20\times c_x$(mg · L^{-1})。

六、注释

绘制标准曲线时，既可以采用铁标准溶液的体积为横坐标，也可以换算成浓度为横坐标。

七、问题讨论

(1)用邻二氮菲测定铁时，为什么在测定前还要加盐酸羟胺？

(2)如何正确使用比色皿？

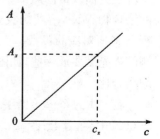

A_x—待测溶液的吸光度；

c_x—待测溶液的浓度

图 9-1　标准曲线

实验 40 配合物组成的光学测定

一、实验目的

(1)掌握摩尔比法测定络合物组成的原理和方法。

(2)进一步熟悉 722 型光栅分光光度计的使用方法。

(3)熟练掌握刻度吸管及容量瓶的使用方法。

二、实验原理

络合物组成的确定是研究络合反应平衡的基本问题之一。

分光光度法不但可以测定微量组分的含量,而且可以进行络合物的络合比以及酸碱离解常数的测定。测定络合物的络合比常用的方法有摩尔比法(饱和法)和等摩尔连续变化法(等摩尔系列法)。摩尔比法适用于稳定性较高、络合比高的络合物组成的测定。

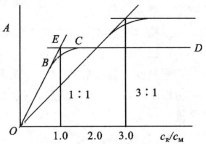

图 9-2 配合物的摩尔比法示意图

在一定条件下,假设金属离子 M 和络合剂 R 发生下述显色反应:

$$M+nR \Longrightarrow MR_n$$

用摩尔比法测定络合比的方法是固定金属离子的浓度 c_M,改变络合剂的浓度 c_R,配制一系列 c_R/c_M 不同的显色溶液。在络合物的 λ_{max} 处,测量各溶液的吸光度 A,并以吸光度 A 为纵坐标、c_R/c_M 为横坐标作图,如图 9-2 所示。图中曲线的 OB 段代表了显色反应尚未进行完全的阶段,此时 $c_R/c_M < n$,故吸光度 A 随 c_R 的增加而上升。理论上当金属离子与加入的显色剂化学计量地反应时,吸光度应达到曲线最高点 E 所对应的值。继续增大 c_R,由于 M 已全部生成了相应的络合物 MR_n,溶液的吸光度基本保持不变,如直线 CD 所示。显然曲线的转折点 E 所对应的 $c_R/c_M = n$。实际上在 $c_R/c_M = n$ 附近由于络合物的解离,故实测的吸光度要低一些,如图中形成的弧线 BC 所示,此时可采用外推法求出相应的络合比。

在 pH 为 2~9 的溶液中,Fe^{2+} 与邻二氮菲(Phen)生成稳定的橘红色络合物 $Fe(Phen)_n^{2+}$,其 $\lg K = 21.3$,摩尔吸光系数 $\varepsilon_{508} = 1.1 \times 10^4$ L·mol^{-1}·cm^{-1}。显色前需用盐酸羟胺或抗坏血酸将全部 Fe^{3+} 还原为 Fe^{2+},然后再加入邻二氮菲,并调节溶液酸度至适宜的显色酸度范围。有关反应如下:

$$2Fe^{3+} + 2NH_2OH \cdot HCl \Longrightarrow 2Fe^{2+} + N_2 \uparrow + 2H_2O + 4H^+ + 2Cl^-$$

三、仪器及试剂

(1)仪器:722 型分光光度计;100 mL 容量瓶;5,10,25 mL 刻度吸管。

(2)试剂:0.001 mol·L⁻¹铁标准溶液;100 g·L⁻¹ NaAc 溶液;100 g·L⁻¹盐酸羟胺溶液;0.001 mol·L⁻¹邻二氮菲溶液。

四、实验步骤

取 8 只 100 mL 容量瓶,各加入 5.0 mL 0.001 mol·L⁻¹铁标准溶液,1 mL 10%盐酸羟胺溶液,摇匀,放置 2 min。然后各加 5 mL 100 g·L⁻¹ NaAc 溶液,依次加入 5.0,7.5,10.0,12.5,15.0,17.5,20.0,22.5 mL 0.001 mol·L⁻¹邻二氮菲溶液,以水稀释至刻度,摇匀。在 510 nm 处,用 1 cm 吸收池,以水为参比,测定各溶液的吸光度 A。以 A 对 c_R/c_M 作图,将曲线直线部分延长并相交,根据交点位置确定络合物的络合比 n。

五、数据处理

编号	1	2	3	4	5	6	7	8
吸光度								
c_R/c_M	1.0	1.5	2.0	2.5	3.0	3.5	4.0	4.5

六、注释

可同时采用等摩尔连续变化法测定络合比,将两种方法测得的结果进行比较。

七、问题讨论

(1)摩尔比法的适用范围?

(2)比较摩尔比法与等摩尔连续变化法的优缺点。

第10章　常用分离方法实验

实验 41　阳离子交换树脂交换容量的测定

一、实验目的

(1)理解离子交换树脂交换容量的含义。

(2)掌握阳离子交换树脂总交换容量和工作交换容量的测定原理和方法。

二、实验原理

离子交换树脂是一类合成的、球状多孔性的、不溶于水的有机聚合物。从结构上可分为交换基团和本体两部分。交换基团部分系可解离交换的阴阳离子如磺酸基、氨基等。交换容量是指每克干树脂所能交换的离子(离子的基本单元为 $\frac{1}{n}M^{n+}$)的物质的量,一般分为总交换容量、工作交换容量等,是衡量树脂性能的重要指标。一般使用的树脂交换容量为 $3\sim6$ mmol $\cdot$ g^{-1}。

本实验用酸碱滴定法测定强酸性的阳离子交换树脂(RH)的总交换容量和工作交换容量。

静态法测定强酸性的阳离子交换树脂的总交换容量:在一定量的 H 型阳离子交换树脂中加入一定量且过量的 NaOH 标准溶液进行充分浸泡,当交换反应达到平衡后,用 HCl 标准溶液滴定过量的 NaOH,反应为

$$RH + NaOH \Longrightarrow RNa + H_2O$$
$$OH^- + H^+ \Longrightarrow H_2O$$

动态法测定强酸性的阳离子交换树脂的工作交换容量:将一定量的 H 型阳离子交换树脂装入交换柱中,用 Na$_2$SO$_4$ 溶液以一定的流量通过交换柱,Na$^+$ 与 RH 发生交换反应,交换下来的 H$^+$ 用 NaOH 标准溶液滴定。反应为

$$RH + Na^+ \Longrightarrow RNa + H^+$$
$$OH^- + H^+ \Longrightarrow H_2O$$

三、仪器及试剂

(1)仪器:玻璃交换柱(可用 25 mL 酸式滴定管代替);50 mL 酸式滴定管;

50 mL 碱式滴定管;250 mL 磨口锥形瓶;250 mL 普通锥形瓶;250 mL 容量瓶;25 mL 移液管;500 mL 烧杯;玻璃棉。

(2)试剂:4 mol·L^{-1} HCl 溶液;0.5 mol·L^{-1} Na$_2$SO$_4$ 溶液;0.1 mol·L^{-1} HCl 标准溶液;0.1 mol·L^{-1} NaOH 标准溶液;酚酞指示剂;732 型强酸性阳离子交换树脂。

四、实验步骤

1. 动态法测定强酸性的阳离子交换树脂的工作交换容量

(1)装柱:用长玻棒将润湿处理好的玻璃棉塞在交换柱的下部并使其平整,加 10 mL 蒸馏水。准确称取晾干的已处理好的 H 型阳离子交换树脂于干燥的 250 mL 磨口锥形瓶中,加 100 mL 水,盖好磨口瓶塞,放置 24 h,使之充分溶胀。将处理好的 RH 型树脂连水加入柱中,柱高为 15~20 cm,树脂上部再加一层玻璃棉(防止滴加试液时树脂被冲起)。用水洗树脂至流出液呈中性。

(2)交换:向交换柱中不断加入 0.5 mol·L^{-1} Na$_2$SO$_4$ 溶液,用 250 mL 容量瓶收集流出液,控制交换柱流量为 2 mL·min^{-1},流过 100 mL Na$_2$SO$_4$ 溶液后,检验流出液 pH 值至与加入的 Na$_2$SO$_4$ 溶液的 pH 值相等时为止。将收集液稀释至刻度,摇匀备用。

(3)滴定:用移液管移取 25.00 mL 流出液于 250 mL 锥形瓶中,加 2 滴酚酞指示剂,用 0.1 mol·L^{-1} NaOH 标准溶液滴定至微红色半分钟不褪色即为终点,平行测定 3 份。

(4)实验完毕后,将树脂统一回收到烧杯中,以便再生,取出玻璃棉。

2. 静态法测定强酸性的阳离子交换树脂的总交换容量

(1)交换:准确称取晾干的已处理好的 H 型阳离子交换树脂 1.0 g 于干燥的 250 mL 磨口锥形瓶中,准确加入 100.0 mL 0.1 mol·L^{-1} NaOH 标准溶液,盖好磨口瓶塞,放置 24 h,使之达到交换平衡。

(2)滴定:用 25 mL 移液管准确移取 25.00 mL 上层已交换后的清液于 250 mL 锥形瓶中,加 2 滴酚酞指示剂,用 0.1 mol·L^{-1} HCl 标准溶液滴定至红色刚好消失即为终点,平行测定 3 次。

(3)实验完毕后,将树脂统一回收到烧杯中,以便再生,取出玻璃棉。

五、数据处理

1. 工作交换容量的测定

平行实验	1	2	3
H 型阳离子交换树脂的质量/g			
流出液体积/mL			
NaOH 标准溶液的浓度/(mol·L^{-1})			
NaOH 标准溶液的终读数/mL			
NaOH 标准溶液的初读数/mL			
NaOH 标准溶液的用量/mL			
工作交换容量 $=\dfrac{(cV)_{NaOH}}{m_{树脂}\times\dfrac{25.00}{250.0}}$/(mmol·g^{-1})			
平均值/(mmol·g^{-1})			
相对平均偏差/%			

2.总交换容量的测定

平行实验	1	2	3
H 型阳离子交换树脂的质量/g			
NaOH 标准溶液的浓度/(mol·L^{-1})			
HCl 标准溶液的浓度/(mol·L^{-1})			
HCl 标准溶液的终读数/mL			
HCl 标准溶液的初读数/mL			
HCl 标准溶液的用量/mL			
总交换容量 $=\dfrac{25.00\times c_{NaOH}-(cV)_{HCl}}{m_{树脂}\times\dfrac{25.00}{250.0}}$/(mmol·g^{-1})			
平均值/(mmol·g^{-1})			
相对平均偏差/%			

六、注释

(1)玻璃棉事先用 HCl 处理后,水洗至中性,浸泡水中备用。

(2)市售的 732 型强酸性阳离子交换树脂为 Na 型,使用前须将其处理成 H 型并干燥。操作方法是取 20 g 732 型强酸性阳离子交换树脂于烧杯中,加 100 mL 4 mol·L^{-1} HCl 溶液,搅拌,浸泡 1~2 d,以溶解除去树脂中的杂质,并使树脂充分溶胀。若浸出的溶液颜色较深,应更换新鲜的 HCl 溶液再浸泡一些时间。倾出上层 HCl 清液,然后用蒸馏水漂洗树脂至中性,即得到 H 型阳离子交换树脂 RH。

将处理好的 RH 树脂用滤纸压干后装于培养皿中,在 105℃下干燥 1 h,取出转至干燥器中,冷却至室温后称量。然后再于 105℃下烘 30 min,取出冷却、称量,直至恒重。

(3)树脂须始终浸泡在液面下约 1 cm 处,并防止混入气泡。若树脂中间发现气泡,可加水至高于液面 4~5 cm,用长玻棒搅拌排除气泡,或反复倒置交换柱,排除气泡。

七、问题讨论

(1)什么是离子交换树脂的交换容量? 两种交换容量的测定原理分别是什么?

(2)为什么树脂层中不能存留有气泡? 若有气泡如何处理?

实验 42　水中铬离子的分离及测定
(离子交换分离法及氧化还原容量法)

一、实验目的

(1)学会水中微量组分(铬离子)的测定原理和方法。

(2)掌握离子交换分离法的基本原理及操作步骤。

二、实验原理

铬及其化合物被广泛地用于冶金、纺织、颜料以及印染和制革等行业,从而成为环境中铬的来源。当饮用水中六价铬含量达到 $0.1\ mg\cdot L^{-1}$ 以上的浓度时,就会危及人们的身体健康,导致病变、畸胎、突变。国家饮用水标准规定 Cr^{6+} 含量低于 $0.05\ mg\cdot L^{-1}$。这样低的含铬量,一般方法不易测出,可用离子交换法加以富集,并和其他元素分离,测出铬的含量。此法也可用来处理含铬废水,并回收铬。废水中的 Cr^{6+} 以 CrO_4^{2-} 和 $Cr_2O_7^{2-}$ 状态存在,它可与强碱性阴离子交换树脂发生交换作用:

$$2R\text{-}N(CH_3)_3OH + Cr_2O_7^{2-} =\!=\!= [R\text{-}N(CH_3)_3]_2Cr_2O_7 + 2OH^-$$

交换之后用水洗涤,再用 $2\ mol\cdot L^{-1}$ NaOH 或 $2\ mol\cdot L^{-1}$KOH 溶液洗脱并使树脂再生:

$$[R\text{-}N(CH_3)_3]_2Cr_2O_7 + 4OH^- =\!=\!= 2[R\text{-}N(CH_3)_3]OH + 2CrO_4^{2-} + H_2O$$

洗脱下来的 CrO_4^{2-} 经酸化后转变为 $Cr_2O_7^{2-}$:

$$2CrO_4^{2-}+2H^+ \Longrightarrow Cr_2O_7^{2-}+H_2O$$

最后用亚铁盐标准溶液测定六价铬的含量。

三、仪器及试剂

(1)仪器:50 mL 酸式滴定管;250 mL 锥形瓶;漏斗;滴液漏斗;玻璃棉(事先用 HCl 处理后,洗至中性,浸泡水中备用)。

(2)试剂:2 mol·L^{-1} HCl 溶液;2 mol·L^{-1} NaOH 溶液;2 mol·L^{-1} H$_2$SO$_4$溶液;待测含铬废水试样;0.1 mol·L^{-1} Fe^{2+} 标准溶液;二苯胺磺酸钠指示剂;717 型碱性阴离子交换树脂。

四、实验步骤

1.717 型碱性阴离子交换树脂的处理

将 717 型碱性阴离子交换树脂先用 2 mol·L^{-1} HCl 浸泡 24 h,倾出 HCl 溶液,用水洗至 pH＝6,再用 2 mol·L^{-1} NaOH 溶液浸泡 24 h,使树脂转变为 OH 型,倾出 NaOH 溶液,然后用水漂洗使树脂溶胀并除去杂质,浸泡于水中备用。

2.装柱

交换柱(可用酸式滴定管代替)洗涤干净后,将玻璃棉搓成花生米粒大小的小球,用圆头长玻璃棒将其送入交换柱底部,并使玻璃棉平整,再加入 10 mL 蒸馏水。打开活塞将树脂和水一起边搅拌边倒入交换柱中,树脂在水中沉降后,应均匀、无气泡(如果树脂中间发现气泡,可加水至高于液面 4~5 cm,用长玻棒搅拌排除气泡,也可反复倒置交换柱,排除气泡)。装至柱高 16 cm 左右,打开活塞,放出多余的水,树脂床上面应保持 1 cm 左右的水液面,并用水洗至 pH＝7~9,即可进行交换。

3.交换

将一定体积的废水过滤除去机械杂质和悬浮物。加酸调节 pH＜4 后,即可加入交换柱上,以 1 mL·min^{-1} 的流速进行交换(通过滴液漏斗旋塞和滴定管旋塞调节控制,使上部滴加速度与下部流出速度一致)。

4.洗脱和再生

交换完毕后,用 20 mL 水洗涤交换柱上残留的废液,流出液弃去。加入 10 mL 2 mol·L^{-1} NaOH 溶液进行洗脱并再生,用洁净锥形瓶收集洗脱液。再生流速一般为 0.1 mL·min^{-1} 较为合适。再生完毕后,用 20 mL 水洗涤柱上残液,将洗脱液合并(树脂再用水洗至 pH＝7~9,可再次使用)。

5.测定

洗脱液用 H$_2$SO$_4$酸化后,以二苯胺磺酸钠为指示剂,以亚铁标准溶液滴定至紫红色刚好消失即为终点。平行测定 3 次。

五、数据处理

平行实验	1	2	3
待测含铬废水的体积/mL			
亚铁离子标准溶液的浓度/(mol·L^{-1})			
Fe^{2+} 标准溶液的终读数/mL			
Fe^{2+} 标准溶液的初读数/mL			
Fe^{2+} 标准溶液的用量/mL			
铬含量$=\dfrac{\frac{1}{3}\times(cV)_{Fe^{2+}}M_{Cr}}{V_{样}}\times 1\,000/(mg·L^{-1})$			
平均值/(mg·L^{-1})			
相对平均偏差/%			

注：$M_{Cr}=52.00\ g·moL^{-1}$。

六、问题讨论

(1)离子交换树脂使用前为什么要先用酸、碱溶液浸泡？

(2)交换柱直径大小以及流速快慢对分离有什么影响？

实验 43　纸层析法分离食用色素

一、实验目的

(1)了解纸层析法分离食用色素的原理。

(2)掌握样品中色素的富集及测定方法。

二、实验原理

纸层析法是以滤纸作为支撑体的分离方法,利用滤纸吸湿的水分作固定相,有机溶剂作流动相。流动相由于毛细作用自下而上移动,样品中的各组分将在两相中不断进行分配,由于它们的分配系数不同,不同溶质随流动相移动的速度不等,因而形成与原点距离不同的层析点,达到分离的目的。各组分在滤纸上移动的情况用 R_f 表示。在一定条件下(如温度溶剂组成、滤纸质量等),R_f 值是物质的特征值,故可根据 R_f 作定性分析。影响 R_f 值的因素较多,因此,在分析工作中最好用各组分的标准样品作对照。

$$R_f = \frac{a(原点到层析中心点的距离)}{b(原点到溶剂前沿的距离)} \qquad 0 \leqslant R_f \leqslant 1$$

本实验用于饮料中合成色素的分离,由于饮料同时使用几种色素,样品处理后,在酸性条件下,用聚酰胺吸附人工合成色素,而与蛋白质、淀粉、脂肪、天然色素分离,然后在碱性条件下,用适当的解吸溶液使色素解吸出来。由于不同色素的分配系数不同,R_f就不同,可对其分离鉴别。

三、仪器及试剂

(1)仪器:砂芯漏斗(G2 或 G3);层析缸:15 cm×30 cm(φ×h);层析纸:10 cm×27.5 cm(w×h);微型注射器(或毛细管直径 1 mm);抽滤装置;水浴锅;电吹风。

(2)试剂:色素标准溶液:胭脂红(5 g·L^{-1})、柠檬黄(5 g·L^{-1})、日落黄(5 g·L^{-1});展开剂:正丁醇+无水乙醇+氨水(6:2:3);柠檬酸溶液(200 g·L^{-1});聚酰胺粉(尼龙 6,200 目):预先在 105℃下活化 1 h;丙酮(A.R.);丙酮氨水溶液:90 mL 丙酮与 100 mL 浓氨水混合均匀;待测饮料样品。

四、实验步骤

1. 样品处理

取除去 CO_2 的橙汁饮料 50 mL 于 100 mL 烧杯中,用柠檬酸溶液调 pH 到 4(因聚酰胺是高分子化合物,在酸性介质中才能吸附酸性色素,为防止色素分解,水要保持酸性)。

2. 吸附分离

称取聚酰胺 0.5~1.0 g 于 100 mL 烧杯中,加少量水调成均匀糨糊状,倒入上述已处理的温度为 70℃的样品溶液中,充分搅拌,使样液中色素完全被吸附(聚酰胺粉不足可补加,分子中酰胺链能与色素中磺酸基以氢键的形式结合,所以吸附时也要求一定的温度与时间)。

将聚酰胺粉沉淀物全部转入砂芯漏斗中抽滤,用 pH=4,温度为 70℃的水洗涤沉淀物,洗涤时充分搅拌,再用 20 mL 丙酮溶液分两次洗涤沉淀物,以除去样品中的油脂等物。再用 200 mL 70℃水洗涤沉淀,至洗下的水与原来水的 pH 值相同为止。前后洗涤过程中必须充分搅拌。

用丙酮氨水溶液约 30 mL 分数次解吸色素。将色素解吸置于小烧杯中,用柠檬酸调节至 pH=6,再在水浴上蒸发浓缩至 5 mL 留作点样用。

3. 点样

在层析纸下端 2.5 cm 处用铅笔画一横线,在线上等距离画上 1,2,3,4 四个等距离的点,1,2,3 号分别用毛细管将胭脂红、柠檬黄和日落黄色素标准溶液点出直径为 2 mm 的扩散原点。

在 4 号点分数次点 10 μL 的浓缩样品液,每点完一次须立即用电吹风吹干,再在原位置上重新点上样品溶液。

4. 展开分离

将点好样的滤纸晾干后,用挂钩悬挂在层析筒盖上,放入已盛有展开剂的层析筒中,滤纸应挂平直,原点应离开液面 1 cm,保持温度 20℃,密封层析筒,按上行法展开。

当展开剂前沿滤纸上升到 12 cm 处时,将滤纸取出,在空气中自然晾干。量出各斑心的中点到原点中心的距离,计算 R_f 值,如 R_f 值相同、色泽相似,表示被测色素与标准色素为同一色素。

五、数据处理

	胭脂红	柠檬黄	日落黄	饮料样品
斑点颜色				
a/cm				
b/cm				
R_f				

六、问题讨论

(1)纸层析法分离合成色素时,流动相和固定相各是什么? 作用是什么?

(2)实验时,用手指直接拿取滤纸条中部,对实验结果有何影响?

(3)洗涤聚酰胺时要注意哪几个方面? 为什么?

(4)处理样品所得的溶液,为什么要调到 pH＝4?

(5)将点好样的滤纸条挂在层析筒内,若原点也浸入展开剂中,对实验结果有何影响?

实验 44　纸层析法分离 Fe^{3+}, Mn^{2+}, Co^{2+}, Ni^{2+}, Cu^{2+}

一、实验目的

(1)掌握用纸色谱法分离 Fe^{3+}, Mn^{2+}, Co^{2+}, Ni^{2+}, Cu^{2+} 的基本原理及操作技术。

(2)掌握相对比移值 R_f 的测量、计算方法。

(3)学会用纸色谱法分离、鉴别未知试样组分的原理和方法。

二、实验原理

纸色谱法又称纸上色谱,简称 P. C。它是在滤纸上进行的色谱分析。在滤纸的下端滴上 Fe^{3+},Mn^{2+},Co^{2+},Ni^{2+},Cu^{2+} 的混合液,将滤纸放入盛有适量盐酸和丙酮的容器中,滤纸纤维所吸附的水是固体相,盐酸丙酮溶液是流动相。由于 Fe^{3+},Mn^{2+},Co^{2+},Ni^{2+},Cu^{2+} 在固体相和流动相中具有不同的分配系数,在水中溶解度较大的组分倾向于滞留在某个位置,向上移动的速度缓慢,在盐酸丙酮溶剂中溶解度较大的组分倾向于随展开剂向上流动(纸色谱的操作技术有上行法、下行法和双向层析等几种方法,本实验采用上行法展开),向上流动的速度较快,通过足够长的时间后所有组分可以得到分离。然后,分别用氨水和硫化钠溶液喷雾,氨与盐酸反应生成氯化铵,硫化钠与各组分生成黑色硫化物(Fe_2S_3,MnS,CoS,NiS,CuS)显色。

各组分在纸层中的相对比移值 $R_f = \dfrac{原点至斑点中心的距离\,a}{原点至溶剂前沿的距离\,b}$

R_f 值与溶质在固定相和流动相间的分配系数有关,当色谱纸、固定相、流动相和温度一定时,每种物质的 R_f 值为一定值。

但由于影响 R_f 的因素较多,要严格控制比较难,在作定性鉴定时,可用纯组分 Fe^{3+},Mn^{2+},Co^{2+},Ni^{2+},Cu^{2+} 溶液作对照试验。

三、仪器及试剂

(1)仪器:层析缸:$15\ cm \times 30\ cm(\varphi \times h)$;层析纸:$13\ cm \times 18\ cm(w \times h)$;直径 1 mm 点样毛细管。

(2)试剂:$0.03\ mol \cdot L^{-1}$ $FeCl_3$,$MnCl_2$,$CoCl_2$,$NiCl_2$,$CuCl_2$ 溶液和它们的混合液;待测样品试液;展开剂:(丙酮 35 mL + 6 mol $\cdot$ L^{-1} 盐酸 10 mL);浓氨水;$0.5\ mol \cdot L^{-1}$ 硫化钠溶液。

四、实验步骤

1. 点样

取一张 $13\ cm \times 18\ cm$ 的滤纸作色谱纸。以 18 cm 长的边为底边,距离底边 2 cm 处用铅笔画一条与其底边平行的基线,将纸折叠成 9 片,除左右最外两片以外,在每片铅笔线的中心位置依次写上 Fe^{3+},Mn^{2+},Co^{2+},Ni^{2+},Cu^{2+},混合物和未知样品。

分别将配制好的浓度为 $0.03\ mol \cdot L^{-1}$ $FeCl_3$,$MnCl_2$,$CoCl_2$,$NiCl_2$,$CuCl_2$ 溶液和它们的混合液,用干净的专用的毛细管分别在色谱纸上按上述指定的位置点样,最后用专用的毛细管点未知样品,每试样的斑点直径应小于 0.5 cm。自然干燥色谱纸上试液的斑点。

2. 展开及显色

用挂钩将自然干燥后的色谱纸悬挂在层析筒盖上,放入已盛有展开剂的层析筒中,原点应离开液面 1 cm(纸条应挂得平直并与展开剂接触),密封层析筒,按上行法展开。

仔细观察与记录在层析过程中产生的现象。当展开剂前沿上升离色谱纸顶部 2 cm 处时,取出色谱纸,及时用铅笔画下展开剂前沿位置。

在通风橱内自然干燥色谱纸,干燥后用浓氨水喷雾使之润湿,再喷 0.5 mol·L^{-1}硫化钠溶液,自然干燥色谱纸。

五、数据处理

	$FeCl_3$	$MnCl_2$	$CoCl_2$	$NiCl_2$	$CuCl_2$	混合液	未知样品
展开时斑点颜色							
显色后斑点颜色							
a/cm							
b/cm							
R_f							

六、问题讨论

(1)为什么在纸色谱法中要采用与标准品对照鉴别?

(2)$CoCl_2$在丙酮溶液中显示何种颜色?

(3)若展开剂改用丙酮 35 mL+12 mol·L^{-1}盐酸 5 mL,试估计各组分 R_f值的变化。

第11章　综合性实验示例

为了进一步培养学生灵活运用所学分析化学基本理论和基本知识、解决分析化学实际问题的能力,本章安排了若干复杂物质分析的实验和分析方案设计。这类实验的特点是样品成分复杂,需要进行几个主要成分的分析,为此往往需要应用多种分析方法和分离方法来完成。因此能够设计出合理的分析方案是进行分析的前提。

(1)明确实验题目的和要求:首先要了解所需测定的组分及对准确度的要求,对试样的来源、被测组分的含量范围以及共存组分的存在量等也要有所了解。

(2)查阅文献资料:首先要了解测定的基本原理,然后查阅资料,选择分析方法。需要查阅的资料包括标准方法、参考书和手册、分析化学专业杂志等;可利用图书馆收藏的资料,也可利用网络数字资源。资料检索是科学工作者的基本技能,同学们可结合"文献检索"课程,在教师的指导下进行。

(3)拟定分析方案:通过查阅资料,能够找到许多分析方法。各种分析方法均有其优缺点,即使是比较成熟的分析方法,当用来测定某个具体的试样时,也常常需要根据实际情况作些修改。必须根据试样的组成、被测成分的性质和含量、测定的要求、存在的干扰成分及实验室的具体条件,选择和拟定合适的测定方法。分析方案应包括分析方法及原理、所需试剂和仪器、实验步骤、实验结果的处理、实验注意事项、参考文献等。实验结束后,还要写出实验报告,并对所设计的分析方案进行评价和问题讨论。

实验 45　漂白粉中有效氯和固体总钙量的测定

一、实验目的
(1)了解漂白粉起漂白作用的基本原理。
(2)掌握氧化还原滴定法、配位滴定法的实际应用。
(3)培养独立解决实物分析的能力。

二、实验原理
工业漂白粉为 $3Ca(ClO)_2 \cdot 2Ca(OH)_2$,其有效氯和固体总钙的含量是影响产品质量的两个关键指标,准确测定其含量十分重要。

漂白粉中次氯酸盐具有氧化能力,是漂白粉的有效成分。一定量的漂白粉与稀盐酸反应,所逸出的 Cl_2 叫做有效氯。漂白粉的质量以有效氯的质量分数来衡量。

$$2ClO^- + 4H^+ + 2Cl^- \Longrightarrow 2Cl_2 \uparrow + 2H_2O$$

测定漂白粉中的有效氯,可在酸性溶液中将漂白粉与过量的 KI 反应,生成一定量的 I_2,再用 $Na_2S_2O_3$ 标准溶液滴定生成的 I_2,反应如下:

$$ClO^- + 2H^+ + 2I^- \Longrightarrow I_2 + Cl^- + H_2O$$

$$2S_2O_3^{2-} + I_2 \Longrightarrow S_4O_6^{2-} + 2I^-$$

由于 $Na_2S_2O_3 \cdot 5H_2O$ 不纯,常含有 S^{2-},S,SO_3^{2-} 等杂质,且容易风化,溶液也不稳定,细菌、微生物、CO_2、O_2、光等使其分解,因此 $Na_2S_2O_3$ 标准溶液不能直接配制。

$Na_2S_2O_3$ 溶液的标定是利用 $K_2Cr_2O_7$ 氧化 I^- 生成 I_2,用 $Na_2S_2O_3$ 滴定生成的 I_2。发生的反应如下:

$$Cr_2O_7^{2-} + 6I^- + 14H^+ \Longrightarrow 2Cr^{3+} + 3I_2 + 7H_2O$$

$$2S_2O_3^{2-} + I_2 \Longrightarrow S_4O_6^{2-} + 2I^-$$

指示剂为淀粉,近终点时加入,终点时溶液颜色变化为蓝色变为亮蓝绿色。

固体总钙的测定是在 $pH \geqslant 12$ 的强碱性介质中加入钙指示剂,用 EDTA 标准溶液滴定 Ca^{2+},当溶液由酒红色变为纯蓝色即为终点。

三、仪器及试剂

(1)仪器:分析天平(0.1 mg);台秤;容量瓶;研钵;碘量瓶(250 mL);锥形瓶(250 mL);酸式滴定管(50 mL);棕色试剂瓶(500 mL);烧杯(500,50 mL);刻度吸量管(10,5,2,1 mL);移液管(25 mL);量筒(100 mL)。

(2)试剂:HCl(6 $mol \cdot L^{-1}$);基准 $K_2Cr_2O_7$;基准 $CaCO_3$;$Na_2S_2O_3 \cdot 5H_2O$(A. R.);Na_2CO_3(A. R.);KI(200 $g \cdot L^{-1}$);NH_3-NH_4Cl 缓冲溶液;饱和 $MgCl_2$ 溶液;$Na_2H_2Y \cdot 2H_2O$(A. R.);H_2SO_4(3 $mol \cdot L^{-1}$);$NaNO_2$(100 $g \cdot L^{-1}$);NaOH(6 $mol \cdot L^{-1}$);漂白粉;钙指示剂;EBT 指示剂(1.0 $g \cdot L^{-1}$);淀粉(1.0 $g \cdot L^{-1}$)。

四、实验步骤

1. $K_2Cr_2O_7$ 标准溶液的配制

准确称取基准 $K_2Cr_2O_7$ 1.225 8 g 置于小烧杯中,加少量蒸馏水搅拌至完全溶解,定量转移至 250 mL 容量瓶中,定容,摇匀。

2. $Na_2S_2O_3$ 溶液的配制与标定

(1)配制 500 mL 浓度为 0.1 mol·L^{-1}的 Na$_2$S$_2$O$_3$溶液:在 500 mL 加热煮沸并冷却后的蒸馏水中,加入 12 g Na$_2$S$_2$O$_3$·5H$_2$O 和 0.1 g Na$_2$CO$_3$固体,搅拌至完全溶解,将溶液置于棕色试剂瓶中,于暗处放置一周。

(2)标定:准确移取 K$_2$Cr$_2$O$_7$标准溶液 25.00 mL 置于碘量瓶中,加 5 mL HCl 溶液(6 mol·L^{-1})和 10 mL KI 溶液(200 g·L^{-1}),加盖水封,摇匀后于暗处放置 5 min。然后加 20 mL H$_2$O 稀释,立即用待标定的 Na$_2$S$_2$O$_3$溶液滴定至淡黄色,再加 1 mL 淀粉指示剂,继续滴定至亮蓝绿色即为终点。平行操作 3 次,计算 Na$_2$S$_2$O$_3$溶液的平均浓度。

3.EDTA 标准溶液的配制

(1)配制 500 mL 浓度为 0.02 mol·L^{-1} EDTA 溶液:粗略称取 4 g Na$_2$H$_2$Y·2H$_2$O,置于烧杯中,加 100 mL 蒸馏水,微微加热并搅拌至完全溶解,冷却后转入试剂瓶,加蒸馏水稀释至 500 mL,加 2 滴 MgCl$_2$溶液,摇匀。

(2)标定:准确称取 CaCO$_3$ 0.3~0.4 g 置于小烧杯中,先用少量蒸馏水润湿,盖上表面皿,缓慢滴加 6 mol·L^{-1} HCl 溶液至完全溶解,用蒸馏水冲洗表面皿的底部,将溶液定量转移至 250 mL 容量瓶中,定容,摇匀。

准确移取 Ca^{2+}标准溶液 25.00 mL 置于锥形瓶中,加 10 mL NH$_3$-NH$_4$Cl 缓冲溶液、2 滴 EBT 指示剂,用 EDTA 溶液滴定至溶液由紫红色突变为纯蓝色即为终点。平行操作 3 次,计算 EDTA 溶液的平均浓度。

4.漂白粉中有效氯含量的测定

将漂白粉置于研钵中研细后,准确称取 5 g 置于小烧杯中,加水搅拌,静置,将上清液转移至 250 mL 容量瓶中,反复操作数次,定容,摇匀。

准确移取 25.00 mL 漂白粉试液置于碘量瓶中,加 6~8 mL H$_2$SO$_4$溶液(3 mol·L^{-1})和 10 mL 200 g·L^{-1}的 KI 溶液,加盖水封,摇匀后于暗处放置 5 min。然后加 20 mL H$_2$O 稀释,立即用 Na$_2$S$_2$O$_3$标准溶液滴定至淡黄色,再加 1 mL 淀粉指示剂,继续滴定至蓝色刚好消失为终点。平行操作 3 次,计算漂白粉中有效氯的平均含量。

5.固体总钙量的测定

准确称取 0.04~0.05 g 漂白粉置于锥形瓶中,加 10 mL 蒸馏水和 10 mL NaNO$_2$溶液(100 g·L^{-1}),再加入 2 mL NaOH 溶液(6 mol·L^{-1}),调节 pH$\geqslant$12。加入少许钙指示剂,用 EDTA 标准溶液滴定至溶液由酒红色变为纯蓝色即为终点。平行操作 3 次,计算漂白粉中固体总钙的平均含量。

五、数据处理

1.EDTA 溶液浓度的标定

平行实验	1	2	3
m_{CaCO_3} /g			
V_{CaCl_2} /mL	25.00	25.00	25.00
V_{EDTA} /mL			
c_{EDTA} /(mol·L^{-1})			
相对偏差			
平均 c_{EDTA} /(mol·L^{-1})			

注：$c_{EDTA} = \dfrac{100 m_{CaCO_3}}{M_{CaCO_3} \times V_{EDTA}}$ (mol·L^{-1})；$M_{CaCO_3} = 100.09$。

2. Na$_2$S$_2$O$_3$ 溶液浓度的标定

平行实验	1	2	3
$c_{K_2Cr_2O_7}$ /(mol·L^{-1})	0.016 67	0.016 67	0.016 67
$V_{K_2Cr_2O_7}$ /mL	25.00	25.00	25.00
$V_{Na_2S_2O_3}$ /mL			
$c_{Na_2S_2O_3}$ /(mol·L^{-1})			
相对偏差			
平均 $c_{Na_2S_2O_3}$ /(mol·L^{-1})			

注：$c_{Na_2S_2O_3} = \dfrac{6 c_{K_2Cr_2O_7} V_{K_2Cr_2O_7}}{V_{Na_2S_2O_3}}$ (mol·L^{-1})。

3. 漂白粉中有效氯含量的测定

平行实验	1	2	3
$m_{样}$ /g			
$V_{样}$ /mL	25.00	25.00	25.00
$V_{Na_2S_2O_3}$ /mL			
有效 Cl/%			
相对偏差/%			
平均有效 Cl/%			

注：$w_{Cl} = \dfrac{(cV)_{Na_2S_2O_3} \times M_{Cl}}{100 m_{样}} \times 100\%$；$M_{Cl} = 35.45$。

4.漂白粉中固体总钙量的测定

平行实验	1	2	3
$m_{样}$/g			
V_{EDTA}/mL			
Ca%			
相对偏差			
平均 Ca%			

注:$w_{Ca}=\dfrac{(cV)_{EDTA}\times M_{Ca}}{1\,000m_{样}}\times100\%$;$M_{Ca}=40.08$。

六、思考题

(1)如何配制 $Na_2S_2O_3$ 标准溶液?

(2)为什么配制 $Na_2S_2O_3$ 溶液时要加入 Na_2CO_3?

(3)碘量法引起误差的主要来源有哪些?

(4)为什么在加入钙指示剂之前,应先加入 $NaNO_2$ 溶液?

实验 46　硅酸盐水泥中氧化铁和氧化铝含量的测定

一、实验目的

(1)学习复杂体系的分析方法。

(2)学会通过控制酸度分别测定氧化铁和氧化铝含量的方法。

(3)锻炼综合运用知识的能力。

二、实验原理

水泥中的铁、铝、钙、镁等组分分别以 Fe^{3+},Al^{3+},Ca^{2+},Mg^{2+} 的形式存在于过滤完 SiO_2 沉淀后的滤液中,它们都能与 EDTA 形成稳定的螯合物,但稳定性有较显著的区别,$lgK_{AlY}=16.3$,$lgK_{Fe(Ⅲ)Y}=25.1$,$lgK_{CaY}=10.69$,$lgK_{MgY}=8.7$,因此只要通过控制适当的酸度,就可以进行分别测定。

1.Fe^{3+} 的测定

控制溶液的 pH 为 2～2.5,以磺基水杨酸为指示剂,用 EDTA 标准溶液滴定,溶液由紫红色变为微黄色即为终点。

实验表明,溶液酸度控制的恰当与否对测定 Fe^{3+} 的结果影响很大。在 pH <1.5 时,结果偏低;pH>3 时,Fe^{3+} 开始水解,同时,共存的 Ti^{4+},Al^{3+} 也影响滴定。

滴定时溶液的温度以 $60℃ \sim 70℃$ 为宜,当温度高于 $75℃$ 时,Al^{3+} 也能与 EDTA 形成螯合物,使测定 Fe^{3+} 结果偏高,测定 Al^{3+} 结果偏低;当温度低于 $50℃$ 时,反应速度缓慢,不易得出准确的终点。

由于配位滴定过程中有 H^+ 产生,$Fe^{3+} + H_2Y^{2-} \Longrightarrow FeY^- + 2H^+$,所以在没有缓冲作用的溶液中,当 Fe^{3+} 含量较高时,滴定过程中,溶液的 pH 值逐渐降低,妨碍反应进一步完成,以致终点变色缓慢,难以确定。实验证明 Fe_2O_3 含量不超过 30 mg 为宜。

2. Al^{3+} 的测定

以 PAN 为指示剂的铜盐回滴定是普遍采用的方法。Al^{3+} 与 EDTA 的反应速度慢,所以一般先加入过量的 EDTA,并加热煮沸,使 Al^{3+} 与 EDTA 充分反应,然后用 $CuSO_4$ 标准溶液回滴定过量的 EDTA。AlY^- 无色,PAN 在测定条件(pH$\approx$4.2)下为黄色,所以滴定开始前溶液为黄色,随着 $CuSO_4$ 的加入,有蓝色的 CuY^{2-} 逐渐生成,因此溶液逐渐由黄色变绿色,在过量的 EDTA 与 Cu^{2+} 完全反应后,继续加入 $CuSO_4$,Cu^{2+} 与 PAN 形成紫红色配合物,由于蓝色 CuY^{2-} 的存在,终点溶液呈紫色。反应如下:

$$Al^{3+} + H_2Y^{2-} \Longrightarrow AlY^- + 2H^+$$
$$Cu^{2+} + H_2Y^{2-} \Longrightarrow CuY^{2-} + 2H^+$$
$$Cu^{2+} + PAN \Longrightarrow Cu\text{-}PAN$$

溶液中有三种有色物质存在:黄色的 PAN、蓝色的 CuY^{2-}、紫红色的 Cu-PAN,且三者的浓度又在不断的变化中,因此颜色变化较复杂。

EDTA 溶液浓度的标定:在 pH$=$4.2 的 HAc-NaAc 介质中,以 PAN 为指示剂,用 $CuSO_4$ 标准溶液滴定至紫红色。

三、仪器及试剂

(1)仪器:分析天平;台秤;恒温水浴锅;量筒(100 mL);酸式滴定管(50 mL);锥形瓶(50 mL);容量瓶(250 mL);试剂瓶(500 mL);表面皿;烧杯(500 mL,50 mL);移液管(25 mL);刻度吸量管(15 mL,10 mL)。

(2)试剂:浓 HNO_3;HCl(6 mol·L^{-1});$Na_2H_2Y \cdot 2H_2O$(A. R.);NH_4Cl(A. R.);$NH_3 \cdot H_2O$(1∶1);$CuSO_4$ 标准溶液(0.02 mol·L^{-1});HAc-NaAc 缓冲溶液(pH$=$4.2);磺基水杨酸指示剂(100 g·L^{-1});PAN 指示剂(2.0 g·L^{-1})。

四、实验步骤

1. 试样的预处理

准确称取水泥样品 0.25 g 于小烧杯中,加 2 g 固体 NH_4Cl,用平头玻璃棒搅拌均匀,加入 15 mL HCl(6 mol·L^{-1})和 3$\sim$5 滴浓 HNO_3,加热至沸腾并保持微沸 15 min,加入 100 mL 热水继续加热至沸腾,冷却后转移至 250 mL 容量瓶中,不溶物也一并转移,定容,摇匀,放置澄清后使用。

2.EDTA 溶液的配制

配制 300 mL 浓度为 0.01 mol·L^{-1} 的 EDTA 溶液:粗略称取 1.2 g $Na_2H_2Y·2H_2O$,加适量水微热后搅拌至完全溶解,加水稀释至 300 mL,搅拌均匀,转移至试剂瓶中保存。

3.Fe_2O_3 含量的测定

移取试液 25.00 mL 于锥形瓶中,于水浴中加热至 70℃,以 $NH_3·H_2O$(1:1)调 pH 为 2.0~2.5,加 10 滴磺基水杨酸,趁热用 EDTA 标准溶液缓慢滴定至溶液由紫红色变为亮黄色即为终点,记录 EDTA 消耗体积为 V_1。平行测定 3 次,求 Fe_2O_3 的平均含量。

4.Al_2O_3 含量的测定

从滴定管中放入 20.00 mL EDTA 标准溶液置于测定完 Fe_2O_3 含量后的试液中,加 10 mL pH=4.2 的 HAc-NaAc 缓冲溶液,煮沸 1 min,稍冷后加入 5 滴 PAN,以 $CuSO_4$ 标准溶液滴定至紫红色为终点。记录消耗的 $CuSO_4$ 体积为 V_2。注意临近终点时应剧烈摇动,并缓慢滴定。平行测定 3 次,求 Al_2O_3 的平均含量。

5.EDTA 溶液浓度的标定

从滴定管中放出 20.00 mL EDTA 标准溶液置于锥形瓶中,加入 10 mL HAc-NaAc 缓冲溶液,加热至近沸(80℃~90℃),加入 5 滴 PAN,以 $CuSO_4$ 标准溶液滴定至紫红色。记录消耗的 $CuSO_4$ 标准溶液的体积为 V_3。平行测定 3 次,求 EDTA 溶液的平均浓度。

五、数据处理

1.EDTA 溶液浓度的标定

平行实验	1	2	3
c_{CuSO_4}/(mol·L^{-1})			
V_{EDTA}/mL	20.00	20.00	20.00
V_3/mL			
c_{EDTA}/(mol·L^{-1})			
相对偏差/%			
平均 c_{EDTA}/(mol·L^{-1})			

注:$c_{EDTA} = \dfrac{c_{CuSO_4}V_3}{V_{EDTA}}$(mol·L^{-1})。

2. Fe₂O₃含量的测定

平行实验	1	2	3
$V_样$/mL	25.00	25.00	25.00
V_1/mL			
Fe₂O₃%			
相对偏差/%			
平均 Fe₂O₃%			

注:$w_{Fe_2O_3} = \dfrac{c_{EDTA} V_1 M_{Fe_2O_3}}{200 m_样} \times 100\%$;$M_{Fe_2O_3} = 159.69$。

3. Al₂O₃含量的测定

平行实验	1	2	3
V_{EDTA}/mL	20.00	20.00	20.00
V_2/mL			
Al₂O₃%			
相对偏差/%			
平均 Al₂O₃%			

注:$w_{Al_2O_3} = \dfrac{c_{EDTA} \times (20.00 - V_2) \times M_{Al_2O_3}}{200 m_样} \times 100\%$;$M_{Al_2O_3} = 197.84$。

六、思考题

(1)Fe^{3+},Al^{3+},Ca^{2+},Mg^{2+}共存时,能否用 EDTA 标准溶液控制酸度法滴定 Fe^{3+}? 滴定时酸度范围是多少?

(2)测定 Al^{3+}时为什么采用返滴法?

(3)如何消除 Fe^{3+},Al^{3+}对 Ca^{2+},Mg^{2+}测定的影响?

实验47 草酸亚铁的制备和组成测定

一、实验目的

(1)以硫酸亚铁铵为原料制备草酸亚铁并测定其化学式。

(2)了解高锰酸钾法测定铁及草酸根含量的方法。

二、实验原理

一定条件下,亚铁离子与草酸可发生反应制备草酸亚铁,反应方程式为

$$(NH_4)_2SO_4 \cdot FeSO_4 \cdot 6H_2O + H_2C_2O_4 \longrightarrow$$
$$FeC_2O_4 \cdot nH_2O + (NH_4)_2SO_4 + H_2SO_4 + H_2O$$

用 $KMnO_4$ 标准液滴定一定量的草酸亚铁溶液,可以测定出其中的 Fe^{2+},$C_2O_4^{2-}$ 和 H_2O 的含量,进而测定出草酸亚铁的化学式。

$$5Fe^{2+} + 5C_2O_4^{2-} + 3MnO_4^- + 24H^+ \xrightarrow{\quad\quad} 5Fe^{3+} + 10CO_2 + 3Mn^{2+} + 12H_2O$$

三、仪器及试剂

(1)仪器:抽滤瓶;布氏漏斗;台秤;量筒(50 mL);点滴板;称量瓶;锥形瓶(250 mL);酸式滴定管;分析天平。

(2)试剂:H_2SO_4(2 mol · L^{-1},1 mol · L^{-1});$H_2C_2O_4$(1 mol · L^{-1});丙酮;Zn 粉;$KMnO_4$ 标准液(0.02 mol · L^{-1});NH_4SCN 溶液;硫酸亚铁铵固体。

四、实验步骤

1.草酸亚铁的制备

称取硫酸亚铁铵 18 g 于 400 mL 烧杯中,加入 90 mL 水、6 mL 2 mol · L^{-1} H_2SO_4,加热溶解,再加入 120 mL 1 mol · L^{-1} $H_2C_2O_4$,加热至沸,并不断搅拌,有黄色沉淀产生,静置,倾去上层清液,再加入 60 mL 蒸馏水并加热,充分洗涤沉淀,抽滤,用丙酮洗涤,抽干,称量。

2.草酸亚铁产品分析

(1)定性试验:将 0.5 g 产品配成 5 mL 水溶液(可加 2 mol · L^{-1} H_2SO_4 微热溶解),取 1 滴溶液于点滴板上,加 1 滴 NH_4SCN 溶液,若立即出现红色,表示有 Fe^{3+} 存在。取 2 mL 溶液于试管中,滴加 2 滴 1 mol · L^{-1} H_2SO_4 及 $KMnO_4$ 溶液,观察现象,检验铁的价态,然后加少许 Zn 粉,观察现象,再次检验铁的价态。

(2)组成测定:准确称量样品 0.18~0.23 g 于 250 mL 锥形瓶中,加入 25 mL 2 mol · L^{-1} H_2SO_4 溶液使样品溶解,加热至 40℃~50℃,用标准 $KMnO_4$ 溶液滴定,滴至最后一滴溶液呈淡紫色在 30 s 内不褪色即为终点,记录 $KMnO_4$ 溶液的体积 V_1。然后向溶液中加入 2 g Zn 粉和 5 mL 2 mol · L^{-1} H_2SO_4 溶液,煮沸 5 min,溶液应为无色。取 1 滴用 NH_4SCN 溶液在点滴板上检验,若不立即变红即可进行下面滴定,否则继续煮沸。过滤,将滤液转移到另一锥形瓶中,用 10 mL 1 mol · L^{-1} H_2SO_4 彻底冲洗锥形瓶和残余的 Zn 粉,将洗涤液与滤液混合,用标准 $KMnO_4$ 溶液继续滴定至终点,记录体积 V_2。至少平行滴定两次,由此推算产品中铁(Ⅱ)、草酸根和水的含量,求出化学式。

五、注释

(1)$KMnO_4$溶液的配制与标定:$KMnO_4$是氧化还原滴定中常用的氧化剂之一。高锰酸钾滴定法通常在酸性溶液中进行,反应时锰的氧化数由$+7$变到$+2$。市售 $KMnO_4$ 常含有杂质,因此用它配制的溶液要在暗处放置几天,待$KMnO_4$中还原性杂质充分氧化后,再除去生成的 $MnO(OH)_2$ 沉淀,标定其浓度。

光线和 $MnO(OH)_2$、Mn^{2+} 等都能促进 $KMnO_4$ 的分解,故配好的 $KMnO_4$ 溶液应除尽杂质,置于棕色瓶中保存于暗处。

(2)测定化学式:设化学式为 $Fe_x(C_2O_4)_y \cdot nH_2O$。用 $KMnO_4$ 氧化还原滴定法,先求 Fe^{2+},$C_2O_4^{2-}$ 的含量。由一定量的样品中扣除 Fe^{2+} 和 $C_2O_4^{2-}$ 的量即为结晶水的量,换算成 x,y,n 的值,写出化学式。

六、思考题

(1)用 $KMnO_4$ 溶液滴定 Fe^{2+} 时,溶液中能否含有草酸根?

(2)使 Fe^{3+} 还原为 Fe^{2+} 时,用什么作还原剂?过量的还原剂怎样除去?还原反应完成的标志是什么?

附：部分综合实验参考题目

(1)洗衣粉中活性组分和碱度的测定。

(2)食品油脂的酸价和过氧化值的测定。

(3)硫代硫酸钠的制备、定性和定量分析。

(4)钴(Ⅲ)氨配合物的合成与分析研究。

(5)草酸合铁(Ⅲ)酸钾的制备及其组成确定。

(6)银焊条中银、铜、锌的测定。

(7)酸洗液成分分析。

附　录

附录1　纯水的表观密度

温度/℃	表观密度/(g·mL⁻¹)	温度/℃	表观密度/(g·mL⁻¹)
10	0.998 4	21	0.997 0
11	0.998 3	22	0.996 8
12	0.998 2	23	0.996 6
13	0.998 1	24	0.996 3
14	0.998 0	25	0.996 1
15	0.997 9	26	0.995 9
16	0.997 8	27	0.995 6
17	0.997 6	28	0.995 4
18	0.997 5	29	0.995 1
19	0.997 3	30	0.994 8
20	0.997 2		

附录2　市售酸碱试剂的浓度、含量及密度

试剂名称	密度/(g·mL⁻¹)	含量/%	浓度/(mol·L⁻¹)
盐酸	1.18~1.19	36.0~38.0	11.6~12.4
硝酸	1.39~1.40	65.0~68.0	14.4~15.2
硫酸	1.83~1.84	95.0~98.0	17.8~18.4
磷酸	1.69	85.0	14.6
高氯酸	1.68	70.0~72.0	11.7~12.0

(续表)

试剂名称	密度/(g·mL^{-1})	含量/%	浓度/(mol·L^{-1})
冰醋酸	1.05	99.8(优级纯) 99.0(分析纯、化学纯)	17.4
氢氟酸	1.13	40.0	22.5
氢溴酸	1.49	47.0	8.6
氨水	0.88~0.90	25.0~28.0	13.3~14.8

附录 3　常用酸碱指示剂

指示剂名称	pH 变色范围	颜色变化	溶液配制方法
甲基紫(第一变色范围)	0.13~0.5	黄色—绿色	0.1%或 0.05%水溶液
苦味酸	0.0~1.3	无色—黄色	0.1%水溶液
甲基绿	0.1~2.0	黄色—绿色—浅蓝	0.05%水溶液
孔雀绿(第一变色范围)	0.13~2.0	黄色—浅蓝—绿色	0.1%水溶液
甲酚红(第一变色范围)	0.2~1.8	红色—黄色	0.04 g 指示剂溶于 100 mL 50%乙醇中
甲基紫(第二变色范围)	1.0~1.5	绿色—蓝色	0.1%水溶液
百里酚蓝(麝香草酚蓝) (第一变色范围)	1.2~2.8	红色—黄色	0.1 g 指示剂溶于 100 mL 20%乙醇中
甲基紫(第三变色范围)	2.0~3.0	蓝色—紫色	0.1%水溶液
茜素黄 R(第一变色范围)	1.9~3.3	红色—黄色	0.1%水溶液
二甲基黄	2.9~4.0	红色—黄色	0.1 g 或 0.01 g 指示剂溶于 100 mL 90%乙醇中
甲基橙	3.1~4.4	红色—橙黄	0.1%水溶液
溴酚蓝	3.0~4.6	黄色—蓝色	0.1 g 指示剂溶于 100 mL 20%乙醇中
刚果红	3.0~5.2	蓝紫—红色	0.1%水溶液
茜素红 S(第一变色范围)	3.7~5.2	黄色—紫色	0.1%水溶液

(续表)

指示剂名称	pH 变色范围	颜色变化	溶液配制方法
溴甲酚绿	3.8~5.4	黄色—蓝色	0.1 g 指示剂溶于 100 mL 20％乙醇中
甲基红	4.4~6.2	红色—黄色	0.1 g 或 0.2 g 指示剂溶于 100 mL 60％乙醇中
溴酚红	5.0~6.8	黄色—红色	0.1 g 或 0.04 g 指示剂溶于 100 mL 20％乙醇中
溴甲酚紫	5.2~6.8	黄色—紫红	0.1 g 指示剂溶于 100 mL 20％乙醇中
溴百里酚蓝	6.0~7.6	黄色—蓝色	0.05 g 指示剂溶于 100 mL 20％乙醇中
中性红	6.8~8.0	红色—亮黄	0.1 g 指示剂溶于 100 mL 60％乙醇中
酚红	6.8~8.0	黄色—红色	0.1 g 指示剂溶于 100 mL 20％乙醇中
甲酚红	7.2~8.8	亮黄—紫红	0.1 g 指示剂溶于 100 mL 50％乙醇中
百里酚蓝(麝香草酚蓝)(第二变色范围)	8.0~9.6	黄色—蓝色	0.1 g 指示剂溶于 100 mL 20％乙醇中
酚酞	8.2~10.0	无色—紫红	0.1 g 指示剂溶于 100 mL 60％乙醇中
百里酚酞	9.4~10.6	无色—蓝色	0.1 g 指示剂溶于 100 mL 90％乙醇中
茜素红 S(第二变色范围)	10.0~12.0	紫色—淡黄	0.1％水溶液
茜素黄 R(第二变色范围)	10.1~12.1	黄色—淡紫	0.1％水溶液
孔雀绿(第二变色范围)	11.5~13.2	蓝绿—无色	0.1％水溶液
达旦黄	12.0~13.0	黄色—红色	溶于水、乙醇

附录4 常用酸碱混合指示剂

混合指示剂组成	变色点 pH	颜色 酸色	颜色 碱色	备注
1份0.1%甲基黄乙醇溶液 1份0.1%次甲基蓝乙醇溶液	3.25	蓝紫	绿色	pH=3.2,蓝紫 pH=3.4,绿色
1份0.1%甲基橙水溶液 1份0.25%靛蓝二磺酸水溶液	4.1	紫色	黄绿	
1份0.2%甲基橙水溶液 1份0.1%溴甲酚绿钠盐水溶液	4.3	黄色	蓝绿	pH=3.5,黄色 pH=4.0,绿黄 pH=4.3,浅绿
1份0.2%甲基红乙醇溶液 3份0.1%溴甲酚绿乙醇溶液	5.1	酒红	绿色	
1份0.1%苯胺蓝水溶液 1份0.1%氯酚红钠盐水溶液	5.3	绿色	紫色	pH=5.6,淡紫
1份0.2%甲基红乙醇溶液 1份0.1%亚甲基蓝乙醇溶液	5.4	红紫	绿色	pH=5.2,红紫 pH=5.4,暗蓝 pH=5.6,绿色
1份0.1%氯酚红钠盐水溶液 1份0.1%溴甲酚绿钠盐水溶液	6.1	黄绿	蓝紫	pH=5.4,蓝绿 pH=5.8,蓝色 pH=6.2,蓝紫
1份0.1%溴甲酚紫钠盐水溶液 1份0.1%溴百里酚蓝钠盐水溶液	6.7	蓝色	蓝紫	pH=6.2,黄紫 pH=6.6,紫色 pH=6.8,蓝紫
1份0.1%中性红乙醇溶液 1份0.1%亚甲基蓝乙醇溶液	7.0	蓝紫	绿色	pH=7.0,蓝紫
1份0.1%中性红乙醇溶液 1份0.1%溴百里酚蓝乙醇溶液	7.2	玫瑰	绿色	pH=7.0,玫瑰 pH=7.2,浅红 pH=7.4,暗绿

（续表）

混合指示剂组成	变色点 pH	酸色	碱色	备注
1 份 0.1%酚红钠盐水溶液 1 份 0.1%溴百里酚蓝钠盐水溶液	7.5	黄色	绿色	pH＝7.2,暗绿 pH＝7.4,淡紫 pH＝7.6,深紫
1 份 0.1%甲基红钠盐水溶液 3 份 0.1%百里酚蓝钠盐水溶液	8.3	黄色	紫色	pH＝8.2,玫瑰 pH＝8.4,紫色
3 份 0.1%酚酞 50%乙醇溶液 1 份 0.1%百里酚蓝 50%乙醇溶液	9.0	黄色	紫色	
1 份 0.1%茜素黄乙醇溶液 2 份 0.1%百里酚酞乙醇溶液	10.2	黄色	绿色	
2 份 0.2%尼罗蓝水溶液 1 份 0.1%茜素黄乙醇溶液	10.8	绿色	红棕	

颜色

附录 5　常用金属指示剂

指示剂名称	溶解平衡和颜色变化	溶液配制方法
铬黑 T(EBT)	$H_2In^- \underset{\text{紫红}}{\overset{pK_{a_2}=6.3}{\rightleftharpoons}} \underset{\text{蓝}}{HIn^{2-}} \overset{pK_{a_3}=11.55}{\underset{\text{橙}}{\rightleftharpoons}} In^{3-}$	0.5%水溶液
二甲酚橙(XO)	$H_2In^{4-} \underset{\text{黄}}{\overset{pK_{a_5}=6.3}{\rightleftharpoons}} \underset{\text{红}}{HIn^{5-}}$	0.2%水溶液
K-B 指示剂	$H_2In \underset{\text{红}}{\overset{pK_{a_1}=8}{\rightleftharpoons}} \underset{\text{蓝}}{HIn^-} \overset{pK_{a_2}=13}{\underset{\text{紫红}}{\rightleftharpoons}} In^{2-}$	0.2 g 酸性铬蓝 K 与 0.4 g 萘酚绿 B 溶于 100 mL 水中
钙指示剂	$H_2In^- \underset{\text{酒红}}{\overset{pK_{a_2}=7.4}{\rightleftharpoons}} \underset{\text{蓝}}{HIn^{2-}} \overset{pK_{a_3}=13.5}{\underset{\text{酒红}}{\rightleftharpoons}} In^{3-}$	0.5%乙醇溶液
吡啶偶氮萘酚(PAN)	$H_2In^+ \underset{\text{黄绿}}{\overset{pK_{a_1}=1.9}{\rightleftharpoons}} \underset{\text{黄}}{HIn} \overset{pK_{a_2}=12.2}{\underset{\text{淡红}}{\rightleftharpoons}} In^-$	0.1%乙醇溶液

指示剂名称	溶解平衡和颜色变化	溶液配制方法
Cu-PAN （CuY-PAN 溶液）	$\underbrace{CuY}_{浅绿}+\underbrace{PAN}_{无色}+M^{n+}{=\!=\!=}MY+\underbrace{Cu\text{-}PAN}_{红色}$	将 0.05 mol·L⁻¹Cu²⁺ 溶液 10 mL、pH 5～6 的 HAc 缓冲溶液 5 mL、PAN 指示剂 1 滴混合，加热至 60℃ 左右，用 EDTA 滴至绿色，得到约 0.025 mol·L⁻¹ 的 CuY 溶液。使用时取 2～3 mL 于试液中，再加数滴 PAN 溶液
磺基水杨酸	$H_2In\xrightleftharpoons{pK_{a_2}=2.7}\underset{无色}{HIn^-}\xrightleftharpoons{pK_{a_3}=13.1}In^{2-}$	1％水溶液
钙镁试剂 （Calmagite）	$\underset{红}{H_2In^-}\xrightleftharpoons{pK_{a_2}=8.1}\underset{蓝}{HIn^{2-}}\xrightleftharpoons{pK_{a_3}=12.4}\underset{红橙}{In^{3-}}$	0.5％水溶液

注：EBT、钙指示剂、K-B 指示剂等在水溶液中的稳定性较差，可以配成指示剂与 NaCl 之比为 1：100 或 1：200 的固体粉末。

附录6 常用氧化还原指示剂

指示剂名称	$\varphi^{\ominus}/V$ $[H^+]=$ 1 mol·L⁻¹	颜色变化		溶液配制方法
		氧化态	还原态	
中性红	0.24	红色	无色	0.05％的 60％乙醇溶液
次甲基蓝	0.36	蓝色	无色	0.05％水溶液
变胺蓝	0.59(pH=2)	无色	蓝色	0.5％水溶液
二苯胺	0.76	紫色	无色	1％硫酸溶液
二苯胺磺酸钠	0.85	紫红	无色	0.5％水溶液
邻二氮菲-Fe（Ⅱ）	1.06	浅蓝	红色	1.485 g 邻二氮菲加 0.695 g FeSO₄·7H₂O 溶于 100 mL 水中（0.025 mol·L⁻¹水溶液）

（续表）

指示剂 名称	$\varphi^{\ominus}/V$ $[H^+]=$ $1\ mol \cdot L^{-1}$	颜色变化		溶液配制方法
		氧化态	还原态	
N-邻苯氨基 苯甲酸	1.08	紫红	无色	0.1 g 指示剂加 20 mL 15% 的 Na_2CO_3 溶液,用水稀至 100 mL
5-硝基邻 二氮菲-Fe(Ⅱ)	1.25	浅蓝	紫红	1.608 g 5-硝基邻二氮菲加 0.695 g $FeSO_4 \cdot 7H_2O$ 溶于 100 mL 水 中($0.025\ mol \cdot L^{-1}$ 水溶液)

附录7　沉淀滴定法常用指示剂

指示剂	被测离子	滴定剂	滴定条件	颜色变化	溶液配制方法
荧光黄	Cl^-,Br^-, I^-,SCN^-	Ag^+	pH 为 7~10 (一般为 7~8)	黄绿—粉红	1%钠盐水溶液
二氯荧光黄	Cl^-,Br^-, I^-	Ag^+	pH 为 4~10 (一般为 5~8)	黄绿—粉红	0.1%钠盐水溶液
曙红	Br^-,I^-, SCN^-	Ag^+	pH 为 1~2	橙红—红紫	1%钠盐水溶液
溴甲酚绿	SCN^-	Ag^+	pH 为 4~5		0.1%水溶液
甲基紫	Ag^+	Cl^-	酸性溶液		0.1%水溶液
罗丹明 6G	Ag^+	Br^-	酸性溶液	橙色—红紫	0.1%水溶液
钍试剂	SO_4^{2-}	Ba^{2+}	pH 为 1.5~3.5		0.5%水溶液
溴酚蓝	Hg_2^{2+}	Cl^-,Br^-	酸性溶液	黄绿—蓝色	0.1%水溶液
铬酸钾	Cl^-,Br^-	Ag^+	pH 为 6.5~10.5	乳白—砖红	5%水溶液
铁铵矾	Ag^+	SCN^-	$0.1~1\ mol \cdot L^{-1}$ HNO_3 溶液	乳白—浅红	5%水溶液

附录8　常用基准物质的干燥条件及应用

基准物质		干燥后的组成	干燥条件/℃	标定对象
名称	分子式			
碳酸氢钠	$NaHCO_3$	Na_2CO_3	$270\sim300$	酸
碳酸钠	$Na_2CO_3 \cdot 10H_2O$	Na_2CO_3	$270\sim300$	酸
硼砂	$Na_2B_4O_7 \cdot 10H_2O$	$Na_2B_4O_7 \cdot 10H_2O$	放在含 NaCl 和蔗糖饱和液的干燥器中	酸
碳酸氢钾	$KHCO_3$	KCO_3	$270\sim300$	酸
草酸	$H_2C_2O_4 \cdot 2H_2O$	$H_2C_2O_4 \cdot 2H_2O$	室温空气干燥	碱或 $KMnO_4$
邻苯二甲酸氢钾	$KHC_8H_4O_4$	$KHC_8H_4O_4$	$110\sim120$	碱
重铬酸钾	$K_2Cr_2O_7$	$K_2Cr_2O_7$	$140\sim150$	还原剂
溴酸钾	$KBrO_3$	$KBrO_3$	130	还原剂
碘酸钾	KIO_3	KIO_3	130	还原剂
铜	Cu	Cu	室温干燥器中保存	还原剂
三氧化二砷	As_2O_3	As_2O_3	室温干燥器中保存	氧化剂
草酸钠	$Na_2C_2O_4$	$Na_2C_2O_4$	130	氧化剂
碳酸钙	$CaCO_3$	$CaCO_3$	110	EDTA
氧化锌	ZnO	ZnO	$900\sim1\,000$	EDTA
锌	Zn	Zn	室温干燥器中保存	EDTA
氯化钠	$NaCl$	$NaCl$	$500\sim600$	$AgNO_3$
氯化钾	KCl	KCl	$500\sim600$	$AgNO_3$
硝酸银	$AgNO_3$	$AgNO_3$	$220\sim250$	氯化物
氨基磺酸	$HOSO_2NH_2$	$HOSO_2NH_2$	在真空硫酸干燥器中保存48 h	碱
氟化钠	NaF	NaF	铂坩埚中 500℃～550℃下保存 40～50 min后硫酸干燥器中冷却	

附录 9 常用坩埚

坩埚材料	最高使用温度/℃	适用试剂	备注
瓷	1 100	除氢氟酸、强碱、碳酸钠、焦硫酸盐外都可使用	膨胀系数小、耐酸、价廉
刚玉	1 600	碳酸钠、硫代硫酸钠等	耐高温、质坚、易碎、不耐酸
铂	1 200	碱熔融、氢氟酸处理样品	质软、易划伤
银	700	苛性碱及过氧化钠熔融	高温时易氧化,不耐酸,尤其不能接触热硝酸
镍	900	过氧化钠及碱熔融	价廉、可替代银坩埚使用,不易氧化
铁	600	过氧化钠等	价廉、可替代镍坩埚使用
石英	1 000	焦硫酸钾、硫酸氢钾等	不可使用氢氟酸、苛性碱等
聚四氟乙烯	200	各种酸碱	主要代替铂坩埚用于氢氟酸分解试样

附录 10 298.2 K 时各种酸的酸常数

化学式	K_a	pK_a	化学式	K_a	pK_a
无机酸			无机酸		
H_3AsO_4	6.3×10^{-3}	2.26	HSO_4^-	1.0×10^{-2}	2.00
$H_2AsO_4^-$	1.0×10^{-7}	7.00	H_2SO_3	1.3×10^{-2}	1.90
$HAsO_4^{2-}$	3.2×10^{-12}	11.50	HSO_3^-	6.3×10^{-8}	7.20
H_3BO_3	5.8×10^{-10}	9.24	$H_2S_2O_3$	2.5×10^{-1}	0.60
H_2CO_3	4.2×10^{-7}	6.38	$HS_2O_3^-$	1.9×10^{-2}	1.72
HCO_3^-	5.6×10^{-11}	10.25	两性氢氧化物		
H_2CrO_4	1.8×10^{-1}	0.74	$Al(OH)_3$	4.0×10^{-13}	12.40

(续表)

化学式	K_a	pK_a	化学式	K_a	pK_a
无机酸			**两性氢氧化物**		
$HCrO_4^-$	3.2×10^{-7}	6.50	$SbO(OH)_2$	1.0×10^{-11}	11.00
HF	6.6×10^{-4}	3.18	$Cr(OH)_2$	9.0×10^{-17}	16.05
H_2O_2	1.8×10^{-12}	11.75	$Cu(OH)_2$	1.0×10^{-19}	19.00
H_2S	1.3×10^{-7}	6.88	$HCuO_2^-$	7.0×10^{-14}	13.15
HS^-	7.1×10^{-15}	14.15	$Pb(OH)_2$	4.6×10^{-16}	15.34
$HBrO$	2.8×10^{-9}	8.55	$Sn(OH)_4$	1.0×10^{-32}	32.00
$HClO$	4.0×10^{-8}	7.40	$Sn(OH)_2$	3.8×10^{-15}	14.42
HIO	2.3×10^{-11}	10.64	$Zn(OH)_2$	1.0×10^{-29}	29.00
$H_2C_2O_4$	5.9×10^{-2}	1.22	**金属离子**		
$HC_2O_4^-$	6.4×10^{-5}	4.19	Al^{3+}	1.4×10^{-5}	4.85
HNO_2	5.1×10^{-4}	3.29	NH_4^+	5.6×10^{-10}	9.25
H_3PO_4	7.6×10^{-3}	2.12	Cu^{2+}	1.0×10^{-8}	8.00
$H_2PO_4^-$	6.3×10^{-8}	7.20	Fe^{3+}	4.0×10^{-3}	2.40
HPO_4^{2-}	4.4×10^{-13}	12.36	Fe^{2+}	1.2×10^{-6}	5.92
$H_4P_2O_7$	3.0×10^{-2}	1.52	Mg^{2+}	2.0×10^{-12}	11.70
$H_3P_2O_7^-$	4.4×10^{-3}	2.36	Hg^{2+}	2.0×10^{-3}	2.70
$H_2P_2O_7^{2-}$	2.5×10^{-7}	6.60	Zn^{2+}	2.5×10^{-10}	9.60
$HP_2O_7^{3-}$	5.6×10^{-10}	9.25	**有机酸**		
H_3PO_3	5.0×10^{-2}	1.30	CH_3COOH	1.8×10^{-5}	4.74
$H_2PO_3^-$	2.5×10^{-7}	6.60	C_6H_5COOH	6.2×10^{-5}	4.21
H_2SiO_3	1.7×10^{-10}	9.77	$HCOOH$	1.8×10^{-4}	3.74
$H_2SiO_3^-$	1.6×10^{-12}	11.80	HCN	6.2×10^{-10}	9.21

附录11 298.2 K 时各种碱的碱常数

化学式	K_b	pK_b	化学式	K_b	pK_b
CH_3COO^-	5.7×10^{-10}	9.24	NO_3^-	5.0×10^{-17}	16.30
NH_3	1.8×10^{-5}	3.90	NO_2^-	1.9×10^{-11}	10.72
$C_6H_5NH_2$	4.2×10^{-10}	9.38	$C_2O_4^{2-}$	1.6×10^{-10}	9.80
AsO_4^{3-}	3.3×10^{-12}	11.48	$HC_2O_4^-$	1.8×10^{-13}	12.74
$HAsO_4^{2-}$	9.1×10^{-8}	7.04	MnO_4^-	5.0×10^{-17}	16.30
$H_2AsO_4^-$	1.5×10^{-12}	11.82	PO_4^{3-}	2.3×10^{-2}	1.64
$H_2BO_3^-$	1.6×10^{-5}	4.80	HPO_4^{2-}	1.6×10^{-7}	6.80
Br^-	1.0×10^{-23}	23.0	$H_2PO_4^-$	1.3×10^{-12}	11.89
CO_3^{2-}	1.8×10^{-4}	3.74	SiO_3^{2-}	6.8×10^{-3}	2.17
HCO_3^-	2.3×10^{-8}	7.64	$HSiO_3^-$	3.1×10^{-5}	4.51
Cl^-	3.0×10^{-23}	22.52	SO_4^{2-}	1.0×10^{-12}	12.00
CN^-	2.0×10^{-5}	4.70	SO_3^{2-}	2.0×10^{-7}	6.70
$(C_2H_5)_2NH$	8.5×10^{-4}	3.07	HSO_3^-	6.9×10^{-13}	12.16
$(CH_3)_2NH$	5.9×10^{-4}	3.23	S^{2-}	8.3×10^{-2}	1.08
$C_2H_5NH_2$	4.3×10^{-4}	3.37	HS^-	1.1×10^{-7}	6.96
F^-	2.8×10^{-11}	10.55	SCN^-	7.1×10^{-14}	13.15
$HCOO^-$	5.6×10^{-11}	10.25	$S_2O_3^{2-}$	4.0×10^{-14}	13.40
I^-	3.0×10^{-24}	23.52	$(C_2H_5)_3N$	5.2×10^{-4}	3.28
CH_3NH_2	4.2×10^{-4}	3.38	$(CH_3)_3N$	6.3×10^{-5}	4.20

附录 12 常用缓冲溶液的配制

pH 值	配制方法
0	1 mol·L^{-1} HCl 溶液
1.0	0.1 mol·L^{-1} HCl 溶液
2.0	0.01 mol·L^{-1} HCl 溶液
3.6	NaAc·3H$_2$O 8 g 溶于适量水中,加 6 mol·L^{-1} HAc 溶液 134 mL,稀释至 500 mL
4.0	将 60 mL 冰醋酸和 16 g 无水醋酸钠溶于 100 mL 水中,稀释至 500 mL
4.5	将 30 mL 冰醋酸和 30 g 无水醋酸钠溶于 100 mL 水中,稀释至 500 mL
5.0	将 30 mL 冰醋酸和 60 g 无水醋酸钠溶于 100 mL 水中,稀释至 500 mL
5.4	40 g 六亚甲基四胺溶于 80 mL 水中,加入 20 mL 6 mol·L^{-1} HCl 溶液
5.7	100 g NaAc·3H$_2$O 溶于适量水中,加 6 mol·L^{-1} HAc 溶液 13 mL,稀释至 500 mL
7.0	77 g NH$_4$Ac 溶于适量水中,稀释至 500 mL
7.5	NH$_4$Cl 60 g 溶于适量水中,加浓氨水 1.4 mL,稀释至 500 mL
8.0	NH$_4$Cl 50 g 溶于适量水中,加浓氨水 3.5 mL,稀释至 500 mL
8.5	NH$_4$Cl 40 g 溶于适量水中,加浓氨水 8.8 mL,稀释至 500 mL
9.0	NH$_4$Cl 35 g 溶于适量水中,加浓氨水 24 mL,稀释至 500 mL
9.5	NH$_4$Cl 27 g 溶于适量水中,加浓氨水 63 mL,稀释至 500 mL
10	NH$_4$Cl 27 g 溶于适量水中,加浓氨水 175 mL,稀释至 500 mL
11	NH$_4$Cl 3 g 溶于适量水中,加浓氨水 207 mL,稀释至 500 mL
12	0.01 mol·L^{-1} NaOH 溶液
13	1 mol·L^{-1} NaOH 溶液

附录 13　一些物质或基团的相对分子量

物质	相对分子质量	物质	相对分子质量	物质	相对分子质量
$AgNO_3$	169.87	H_3BO_3	61.83	$NaCN$	49.01
Al	26.9	HCl	36.46	$NaOH$	40.01
$Al_2(SO_4)_3$	342.15	$KBrO_3$	167.01	$Na_2S_2O_3$	158.11
Al_2O_3	101.96	KIO_3	214.00	$Na_2S_2O_3 \cdot 5H_2O$	248.18
BaO	153.34	$K_2W_2O_7$	294.19	NH_4Cl	53.49
Ba	137.3	$KMnO_4$	158.04	NH_3	17.03
$BiCl_2 \cdot 2H_2O$	244.28	$KHC_8H_4O_4$	204.23	$NH_3 \cdot H_2O$	35.05
$BaSO_4$	233.4	MgO	40.31	$NH_4Fe(SO_4)_2 \cdot 12H_2O$	482.19
$BaCO_3$	197.35	$MgNH_4PO_4$	137.33	$(NH_4)_2SO_4$	132.14
Bi	208.9	$NaCl$	58.44	P_2O_5	141.95
CaC_2O_4	128.10	NaS_2	78.04	$PbCrO_4$	323.19
Ca	40.08	Na_2CO_3	106.0	Pb	207.2
$CaCO_3$	100.09	$Na_2B_4O_7 \cdot 10H_2O$	381.37	PbO_2	239.19
CaO	56.08	Na_2SO_4	142.04	SO_3	80.06
CuO	79.54	Na_2SO_3	126.04	SO_2	64.06
Cu	63.55	$Na_2C_2O_4$	134.0	SO_4^{2-}	96.06
$CuSO_4 \cdot 5H_2O$	249.68	Na_2SiF_6	188.06	S	32.06
CH_3COOH	60.05	$Na_2H_2Y \cdot 2H_2O$	372.26	SiO_2	60.08
$C_4H_6O_6$（酒石酸）	150.0	（EDTA 二钠盐）		$SnCl_2$	189.60
Fe	55.8	NaI	149.39	甲醛	30.03
$FeSO_4 \cdot 7H_2O$	278.02	$NaBr$	102.90	$K_3[Fe(C_2O_4)] \cdot 3H_2O$	491.26
Fe_2O_3	159.69	Na_2O	61.98		

参考文献

[1] 华中师范大学,东北师范大学,陕西师范大学,等.分析化学实验[M].3 版.北京:高等教育出版社,2001.

[2] 北京大学化学系分析化学教研组.基础分析化学实验[M].2 版.北京:北京大学出版社,1998.

[3] 南京大学大学化学实验教学组.大学化学实验[M].北京:高等教育出版社,1999.

[4] 武汉大学.分析化学实验[M].4 版.北京:高等教育出版社,2001.

[5] 崔学桂,张晓丽.基础化学实验——无机及分析化学部分[M].北京:化学工业出版社,2003.

[6] 任丽萍,毛富春.无机及分析化学实验[M].北京:高等教育出版社,2006.

[7] 程建国.无机及分析化学实验[M].杭州:浙江科学技术出版社,2006.

[8] 秦中立,黄方一.无机及分析化学实验[M].武汉:华中师范大学出版社,2006.

[9] 严拯宇.分析化学实验与指导[M].北京:中国医药科技出版社,2005.

[10] 浙江大学化学系.基础化学实验[M].北京:科学出版社,2005.

[11] 陈永兆.分析化学丛书——络合滴定[M].北京:科学出版社,1986.

[12] 华中师范大学,等.分析化学实验[M].3 版.北京:高等教育出版社,2001.

[13] 四川化工学院,等.分析化学实验[M].3 版.北京:高等教育出版社,2003.

[14] 武汉大学.分析化学[M].4 版.北京:高等教育出版社,2000.

[15] 华东理工大学化学系,四川大学化工学院.分析化学[M].5 版.北京:高等教育出版社,2003.

[16] 华中师范大学,等.分析化学[M].3 版.北京:高等教育出版社,2001.

[17] 王明德,王淑仁.基础化学分析[M].济南:山东科学技术出版社,1984.

[18] 北京师范大学无机化学教研室,等.无机化学实验[M].3 版.北京:高等教育出版社,2001.

[19] 王秋长,赵鸿喜,张守民,李一峻.基础化学实验[M].北京:科学出版社,2003.

[20] 古凤才,肖衍繁,张明杰,刘炳泗.基础化学实验教程[M].2 版.北京:科学

出版社,2005.

[21] 刘道杰. 大学实验化学[M]. 青岛:青岛海洋大学出版社,2000.

[22] 蒋碧如,潘润身. 无机化学实验[M]. 青岛:青岛海洋大学出版社,2000.

[23] 武汉大学. 分析化学实验[M]. 4 版. 北京:高等教育出版社,2001.

[24] 华中师范大学,等. 分析化学实验[M]. 2 版. 北京:高等教育出版社,1987.

[25] 邵令娴. 分离及复杂物质分析[M]. 2 版. 北京:高等教育出版社,1994.

[26] 化学分析基本操作规范编写组. 化学分析基本操作规范[M]. 北京:高等教育出版社,1984.

[27] 庄京,林金明. 基础分析化学实验[M]. 北京:高等教育出版社,2007.